阳台
四季果蔬宝典

园艺生活编委会◎编

我家阳台上的绿色生态园

吉林科学技术出版社

图书在版编目（CIP）数据

阳台四季果蔬宝典： 我家阳台上的绿色生态园 / 园艺生活编委会编. -- 长春 ： 吉林科学技术出版社，2013.5
ISBN 978-7-5384-6673-7

Ⅰ．①阳… Ⅱ．①园… Ⅲ．①蔬菜园艺②果树园艺
Ⅳ．①S63②S66

中国版本图书馆CIP数据核字（2013）第065846号

YANGTAI SIJI GUOSHU BAODIAN
WO JIA YANGTAI SHANG DE LÜSE SHENGTAIYUAN

阳台四季果蔬宝典 ：
我家阳台上的绿色生态园

编	园艺生活编委会					
编　委	包孟和	陈晓娇	段　卓	樊凤芝	冯　娜	李芳玲
	李洪香	李双双	林　明	林子琪	刘共胜	全丽杰
	刘媛媛	梁　晶	庞甜甜	张　旭	唐旭东	孙　迪
	史立志	河志民	杨　迪			

出 版 人　李 梁
责任编辑　万田继　朱 萌
封面设计　张 虎
开　　本　710mm×1000mm　1/16
字　　数　200千字
印　　张　14
印　　数　5 001-9 000册
版　　次　2013年9月第1版
印　　次　2017年5月第2次印刷

出　　版　吉林出版集团
　　　　　吉林科学技术出版社
发　　行　吉林科学技术出版社
地　　址　长春市人民大街4646号
邮　　编　130021
发行部电话／传真　0431-85677817　85635177　85651759
　　　　　　　　　　　　　　　85651628　85600611　85670016
储运部电话　0431-84612872
编辑部电话　0431-86037583
网　　址　www.jlstp.net
印　　刷　长春百花彩印有限公司

书　　号　ISBN 978-7-5384-6673-7
定　　价　29.80元

近些年，食品安全问题越来越受到人们的重视。

逛市场和超市的时候，面对琳琅满目的瓜果蔬菜，购买时总会禁不住去想：看起来这么新鲜，会不会是农药、催化剂、防腐剂的作用？

无奈苦笑之余，有没有想过自己动手去改善一下呢？利用自家有限的空间，亲手种植一些家常果蔬，既能给生活增添一些小情趣，又能吃到真正意义上的绿色环保健康食品。

本书按照叶菜类、果菜类、芽菜类、香草类的划分归类，为您介绍了近百种蔬菜及水果从播种，到间苗定植，从肥水管理、立支架，直至收获的栽培方法，并配有图片，直观易懂，即使是毫无种植经验的新手也很快就能体会到亲手种植果蔬的快乐。

篇外篇，是为家里具备庭院或小菜畦的菜友编写的，介绍了一些体积和占地较大的果蔬的栽培方法。

书中还穿插了种菜诀窍、蔬菜常识等小贴士，帮助您解决果蔬种植中遇到的小问题。

当嫩芽冒出的时候，体会惊喜；抽枝展叶的时候，体会感动；收获果实的时候，体会满足。亲自动手，简简单单种植果蔬，让忙碌的日子有一份期待，让平凡的生活因为小小一方阳台的盎然绿意多一抹色彩。

无论年轻人、小朋友或是老人，依照书中介绍的方法到你的阳台上试一试吧，体验一份纯真的感动与生活的鲜活。

目　录

Part Ⓐ　叶菜类

Part B 根茎类

Part C 芽菜类

Part D   果菜类

Part E   水果类

Part F　香草类

篇外篇　家庭菜园种植

阅读说明

本书为您介绍了盆栽蔬菜、水果、香草的种植，包括种子或幼苗的选择、间苗、培土、施肥到收获的全过程，以及需要使用的容器、工具、土壤等。

阳台环境何时适宜种植何种蔬菜，书中的栽培季节和栽培日历可以作为参考，菜友们可视自家具体情况选择种植时间。

书中的小贴士和蔬菜小知识为您提供盆栽果蔬在种植、储存、食用等方面的注意事项及小窍门等，帮助您解决盆栽培植过程中出现的一些问题。

希望本书能把您家的阳台打造成一片绿意盎然、生机勃勃的小天地，为您的生活增添无穷的乐趣。

9

工具说明 ⊕

育苗块 / 育苗盒

　　用育苗块育苗，培育的种苗较为健壮，且育苗块成型后不会自动散开，移苗非常方便；育苗盒保温保湿，促进生长，方便管理，水、土不会到处移动。通过透明的盖子，可以观察种子萌发的全过程。

打孔器 / 起苗器

　　打孔器用于播种时在土壤上开洞；起苗器在起苗时可以保护根部不受损伤。

种菜盆

10

　　根据种植果蔬的品种不同，可选择不同型号和形状的容器。一般而言，种植叶菜类蔬菜，如白菜、菠菜等，适宜使用中型长方形容器或方形、圆形花盆；种植根茎类蔬菜，如马铃薯、胡萝卜等，适宜使用较深的容器；而种植果实类的蔬菜，如西红柿、茄子等，适宜选用易于立支架的大型长方形容器或方形、圆形花盆。

种菜工具三件套

培土铲、小耙子,在栽培容器中放入培养土、松土和平整土壤时使用;小锄头或小铲子可用来挖土。

标签牌

记录品种和播种时间,对于新手来说很重要。

小喷壶

制造降雨的小环境。

防虫网 / 防虫纱罩

可以利用旧纱布、晾衣夹子等自己动手制作,也可以去专门的小店选购。

盆底网

置于种菜容器的底部,防止土壤漏出也可以防止害虫侵入。

11

支杆

用来给长高的蔬菜或爬藤植物搭架子。

塑料绳

用来捆绑或引导果蔬的长茎。

剪刀 / 剪枝钳

用于嫁接或收获。专业的剪枝钳可用于较粗的枝茎。

种子选择 ⊕

盆栽果蔬的乐趣，就是看着亲手种植的蔬菜水果破土发芽、日渐长高、开花结果。因此，选种就成了关键的第一步。一般来说，应去正规、大型的农艺市场选择诚信度较高的卖家购买种子，有条件的菜友可以通过乡下的亲友得到更放心的果蔬种子。

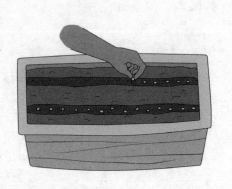

新买回的种子常常带有细菌，为减少苗期病害，保证菜苗茁壮成长，让自己和家人吃到健康的蔬菜，也避免自己的劳动半途而废，播种前最好对种子进行简单的消毒处理。通常来讲，用温水浸泡法就可以：将种子放在60℃的热水中浸泡10~15min，然后将水温降至30℃，继续浸泡3~4h，取出晾干就可以了。对于表面不洁，放置时间很长或已被污染的种子，可采用药液浸泡法：先用清水浸种3~4h，然后放入福尔马林100倍液中浸泡20min，取出用清水冲净。

另外，种子需视情况进行催芽。番茄、辣椒、茄子、黄瓜等果菜类蔬菜种子发芽较慢，可进行催芽。催芽前必须浸泡种子，但浸种时间不宜过长。经试验，黄瓜需用1~2h浸种，辣椒、茄子、番茄需用3~4h浸种较合适（包括种子消毒处理时的浸水时间）。育苗盒底部垫几层纱布、滤纸或吸水的纸巾，用清水浸湿，把浸泡过的种子控去水，放在育苗盒中，置于28℃~30℃的环境中1~5天，

直至种子发芽露白，即可播种。催芽期间，如种子干燥，可在育苗盒中加水，浸润纱布等铺垫物，以保持种子湿润为宜。

直接播种的，可直接将种子播种到大小合适的栽植容器中就行了；需要移植的，可选用大小适中的育苗块或育苗盒，也可用塑料盘、玻璃盘等容器代替。放入pH值适中的培养土（在园艺店或农艺市场就能买到），将菜种撒播到容器中，然后覆盖0.5～1cm的土层即可。切记种子埋得太深很难发芽。

适宜的温度、充足的水分和氧气是种子萌发的三要素。要将容器放在较温暖、通风良好的地方，并适当浇水（对于大多数菜种而言，每天浇一次水为适量）。

播种前最好用50%漂白水或其他消毒液对容器进行消毒，以减少种子受污染的概率。

土壤选择

家庭种菜通常采用有机栽培的培养土。这类土壤含有丰富养料，具有良好排水和通透（透气）性能，能保湿保肥，干燥时不龟裂，潮湿时不黏结，浇水后不结皮。培养土通常在农艺市场就能买到。

喜欢DIY的菜友还可以根据果蔬生长发育的需要和不同品种对土壤的不同要求，自己动手配置培养土。

培养土的原料可以包括田园土、腐叶、塘泥、沙子、木屑、草灰等。但要注意的是，由于各种植物对养分的需要量、耐酸、碱的程度，排水通气等要求不同，配制培养工的比例上应遵从以下几个原则：

a.具有适当比例的养分，包括氮、磷、钾及微量元素等。

b.要求疏松、通气及排水良好。

c.无危害果蔬生长的病虫害和其他有害物质，如虫蛹等。

d.除去草根、石砾等杂物，过筛和进行一般性消毒，如在日光下曝晒或加热蒸焙等。

肥料选择 ⬇

　　无土栽培的果蔬施肥最简单，只要浇灌营养液就可以。无土栽培营养液的配置要有氮、磷、钾、钙、镁、硫等大量元素和铁、锰、硼、锌、铜、钼等微量元素。营养液的配方有不同植物专用的，也有一些植物通用的，农艺市场上都可买到，可按照标签上的说明，合理配制后进行浇灌。

　　土壤栽培可选用传统肥料，也可使用营养液。若用传统肥料，最好选用有机肥，包括植物性肥料和动物粪肥等，尽可能不用化学肥料，因化肥会残留"酸根"或"盐根"，盆土会变成酸性或碱性，妨碍植物生长。农艺市场上有各种专用有机肥料，可根据果蔬种类选择合适的有机肥。

　　喜欢DIY的菜友还可利用厨余自制有机堆肥，充分利用废物，经济又环保。自制有机堆肥的方法非常简单：先将栽植容器底层铺上碎瓦片或窗纱等进行垫盆，然后覆土约2cm，再将沥干的厨余放在容器中（约3cm），再覆上一层厚土（约6~9cm），堆肥就做成了，这时就可在容器中进行播种栽种。

施肥小窍门

　　1.如果蔬菜需要移苗，等到移苗后再施肥。

　　2.如果蔬菜采用直接播种的方法，不需移苗，那么先浇自来水，保持土壤湿润，种子发芽、种苗长出后，再进行施肥。

　　3.虽然各种植物对水分的要求不同，但基本上每天浇灌一次营养液是比较适当的。如果是叶菜，可以一天浇两次营养液。

　　4.生长前期少施肥，结果期可多用肥料。

　　5.建议每周至少一次只用自来水彻底滤洗栽植容器，除去容器中累积的未用肥料。具体方法是给容器浇足量的水，底部形成自流排水。这个措施能防止有害物质在培养基质中的积聚。

6.要适当给果蔬补充微量元素。可以选择含有铁、锌、硼和锰的水溶性肥料，按照标签上的说明进行操作。

注意：滥用营养液可能会造成蔬菜硝酸盐超标的风险。

16

防治病害 ⊕

　　盆栽果蔬与田地里栽培的果蔬一样，也容易遭受各类病虫害的攻击，因此在日常的种植中，菜友们要随时注意观察蔬菜的叶、茎等部位是否生长良好及是否有害虫出没。一旦发现问题，首先要明确是否是水分、光照、温度或土壤、肥料等原因造成的问题。排除这些因素后，再确定是病害还是虫害，以及属于哪种病虫害。病害问题可参见如下表格：

症　状	诊　断	措　施
植株徒长，细长，不结果	光照不足	将容器搬到光照充足的地方
	氮素过量	降低营养液中的养分含量
植株从底部开始发黄、缺乏活力、颜色黯淡	浇水过多	减少浇水次数，检查容器排水是否良好
	肥力不足	增加营养液中的养分含量
尽管浇水充分植株仍然萎蔫	排水和通风不良	增加容器的排水孔数量，提高栽培基质中的有机物含量
菜叶焦边	基质含盐量高	定期用自来水清洗容器
	温度过低	将容器放到较暖和的地方
植株生长缓慢，抵抗力弱，略显紫色	低磷酸盐	增加营养液中的磷酸盐含量
叶子扭曲或有缺刻	虫害	喷洒环保的杀虫剂
叶上有黄斑、枯斑、粉斑或锈斑	病害	除掉患病部位，喷洒环保的杀菌剂

蔬菜病虫的诊断方法可通过各时期害虫的形态特征来鉴别，或通过害虫残遗物，如卵壳、蛹壳、脱皮、虫体残毛及死虫尸体等以及害虫排泄物如粪便、蜜露物质、丝网、泡沫状物质等来诊断。

A.叶片被食，形成缺刻。多为咀嚼式口器的鳞翅目幼虫和鞘翅目害虫所吃。

B.叶片上有线状条纹或灰白、灰黄色斑点。此症状多是由刺吸式口器害虫，如叶蝇或椿象等害虫所害。

C.菜苗被咬断或切断。多为蟋蟀或叶蛾等所为。

D.分泌蜜露发煤病。此类害虫通过产生蜜露状排泄物覆于蔬菜表面造成黑色斑点，常以吸汁排液性的害虫为主，如各种蚜虫。

E.心叶缩小并变厚。甜椒和辣椒上多出现此类症状，这与螨类害虫有关。

F.蔬菜体内被危害。这种害虫一般进入蔬菜的体内，从外部很难看到他们，若发现菜株上或周围有新鲜的害虫粪便并且菜株上有新鲜的虫口，则可判断害虫在菜体内危害，有时虽然有粪便和虫口，但粪便和虫口已经干裂，则表明害虫已经转移到其他地方。此类害虫多为蛾类害虫和幼虫。

G.菜苗上部枯萎死亡。这表明蔬菜根部受到损害，此多为地下害虫所为，如蝼蛄、根螨、根线虫等。

H.块状果实被蛀食和腐烂。如马铃薯、洋葱、蒜等的地下块根在生长和储藏中腐烂或被蛀食，此类多为鼻虫、根螨等居多。

叶菜类

白菜（十字花科）

栽培到收获 **40 天**

难易度 ★★

含有丰富的粗纤维、维生素C等，具有清热解毒的功效。

栽培事项

栽培季节：秋季

容器型号：大型

光照要求：育苗期要求光照充足，成长期应避免长时间光照。

关键是防虫

俗话说"百菜不如白菜"，白菜营养丰富，生长期短，并且易于栽种。要注意的是，应选择抗病、抗害性强的幼苗。

播种

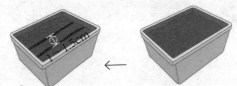

1~1.5cm

1 开壕：首先浇足底水，将土层表面弄平，开深约1.5cm，宽1~1.5cm的小壕沟，壕间距15cm左右。

2 撒种：每隔3~4cm放置2~3粒种子。

1 周后

3 培土：白菜种子小，顶土力弱，因此要薄薄松松盖土，发芽之前保证充足光照和水分。

白菜种子一般在6天左右破土发芽，在幼叶拉成十字花型的时候，可以进行分苗、间苗。

间苗

10〜15cm

每天一次

4 间苗：将长势相对较弱的小苗连根拔去，保持间距在10〜15cm；也可选择大容器中集体培植出的长势良好的幼苗，单个移植到花盆中。

5 浇水：为防止倒苗，在根部适量培土。要注意的是，白菜幼苗应每天保证浇水一次，使土壤充分湿润。

小贴士：被淘汰的小幼苗可以做汤或拌菜，甜嫩爽口。

3 周后

施肥
（初次）

幼 苗成长半个月后，可以开始第一次施肥。

6 施肥：将含氮、磷、钾的肥料颗粒撒在土壤中充分混合。

7 培土：向菜苗根部适当培土，使肥料充分吸收。

注意：幼苗期的白菜易出现倒伏，有可能是光照不足引起的，因此要给小菜苗充足的日光浴；另外，幼苗期白菜叶易招虫，可用防虫网或纱罩覆盖。

蔬菜小知识

白菜最好不要在冰箱中储存，可晾晒后放置在避光的0℃左右的地方；如一定要在冰箱中冷藏，可除去老、黄、坏的菜叶，用保鲜膜包裹后放入保鲜层内。

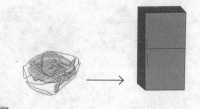

5周后
收获与追肥
（二次）

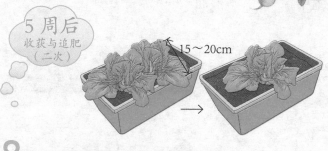

15～20cm

8 收获和分苗：白菜长到15～20cm时可收获，此时白菜最为鲜嫩；如希望白菜继续长大，最好每棵白菜单独栽种在花盆内。

9 培土：向菜苗根部适当培土，使肥料充分吸收。

蔬菜小知识

白菜生虫怎么办？

白菜易生虫，但盆栽白菜吃的就是绿色环保——不易喷洒杀虫剂，怎么办呢？

可以在种小白菜的盆里种上一些味浓的蔬菜、如芹菜、茼蒿等，这些叶菜能起到驱虫的作用；或者喷洒辣椒水，也可以起到防虫、杀虫的作用。

小白菜（十字花科）

栽培到收获　20 ～ 35 天

难易度　★

能保持血管弹性，通肠利胃。

栽培事项

栽培季节：春、夏季
容器型号：大型
光照要求：半阴

关键是肥水

小白菜根系分布浅，吸收能力弱，生长期短，定苗后及移栽成活后应及时追肥，以后隔10～15天再施一次追肥。追肥要结合灌水，保持土壤湿润。

播种

1 基肥：将大型容器中的土壤平整，基足底肥，浇透水。

2 撒种：将小白菜种子均匀撒在容器内，注意避免扎堆重叠。

1 周后

3 盖土：在种子上覆盖约0.5cm薄土。

小白菜种子一般在2～3天左右破土发芽，在幼叶拉成十字花型的时候，可以进行分苗、间苗。

23

间苗

4 拔苗：将长势相对较弱的小苗连根拔去，保持间距在10～15cm；也可选择大容器中集体培植出的长势良好的幼苗移植到花盆中。

小贴士：被淘汰的小幼苗可以做汤或拌菜，甜嫩爽口。

5 培土：为防止倒苗，在根部适量培土。要注意的是，出芽后第一周少浇水，不要暴晒。

2周后

幼苗成长半个月后，可以适当施肥。

施肥
(初次)

6 施肥：将含氮、磷、钾的肥料颗粒撒在土壤中充分混合。

7 培土：向菜苗根部适当培土，使肥料充分吸收。

蔬菜小知识

小白菜不宜长时间保存，最好随采随吃，既新鲜口感又好。

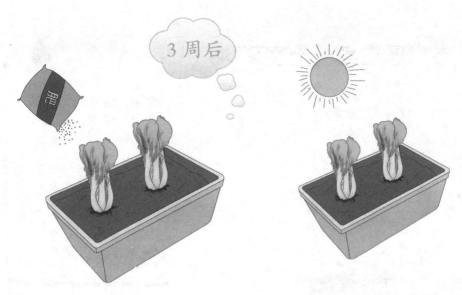

采收 夏季20天左右即可采收，春季35天左右可以采收。

蔬菜小知识

科学浇水防倒伏！

　　用大水流直接或间接冲浇，水会迅速淹没土壤，形成泥浆，小苗的根就扎不稳当了，自然就倒伏了。最科学的浇水方法是：土壤保持一定湿度能攥成团就可以。如果干了，用花洒在土表面喷洒适量水分，再把容器四周挖出缝隙，用小水流淋洒在周边四壁处，让水分由四周渗入土中央，逐步实现"农村包围城市"的战略步骤。另外浇水时间应集中在早晨或者傍晚，不能在大太阳下浇水。

圆白菜（十字花科）

栽培到收获 60 天

难易度 ★★

含丰富维生素、叶酸及萝卜硫素，能治疗溃疡。

栽培事项

栽培季节：春、夏季
容器型号：大型
光照要求：充足

播种

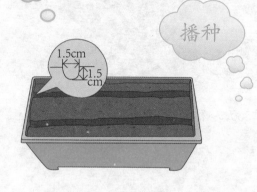

1.5cm
1.5cm

1 开壕：首先浇足底水，将土层表面弄平，开深约1.5cm，宽1～1.5cm的小壕沟，壕间距15cm左右。

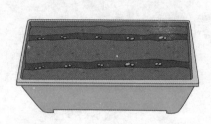

2 撒种：每隔3～4cm放置2～3粒种子。

2 周后

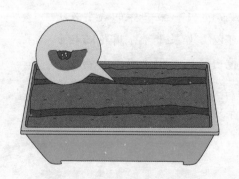

3 培土：圆白菜种子小，顶土力弱，因此要薄薄松松的盖土，发芽之前保证充足光照和水分。

圆白菜种子一般在7～15天左右破土发芽，此时可以进行分苗、间苗。

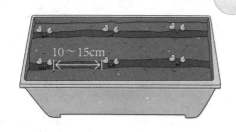

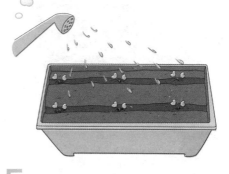

4 间苗：将长势相对较弱的小苗连根拔去，保持间距在10～15cm。

小贴士：被淘汰的小幼苗可以用来做沙拉，味道不错。

5 培土：为防止倒苗，在根部适量培土。要注意的是，圆白菜幼苗应每天保证浇水一次，使土壤充分湿润。

↑1/3

幼苗成长半个月后，可以开始第一次施肥。

6 基肥：将基肥与1/3土壤拌匀铺在容器底部，填入营养土。

7 移苗：将圆白菜幼苗移栽至大型容器，保持20～30cm间距；或者一苗一盆单独移植。

收获圆白菜长到20～30cm时可收获，此时最为鲜嫩。

快乐种菜诀窍

圆白菜最好不要在冰箱中储存，可晾晒后放置在避光的0℃左右的地方；如一定要在冰箱中冷藏，可除去老、黄、坏的菜叶，用保鲜膜包裹后放入保鲜层内。

蔬菜小知识

怎样吃更可口？

圆白菜与青椒、西红柿和牛肉丸子一起炖，是非常诱人的一道美食。

生菜（菊科）

栽培到收获 1个月

难易度 ★

香脆可口，含丰富维生素和矿物质，无公害食品。

栽培事项

栽培季节：春、秋季
容器型号：标准型
光照要求：充足

光照不可过多

栽培后30天左右即可收获，生性顽强，抗寒、抗暑性都强，不需要太多照顾。

但是，光照不要过多，因其生长旺盛，光照过多会使生菜抽薹，叶子变硬，所以夜间不要放在有灯光的地方。

植苗

1 选苗：选择色泽好、长势良好的苗。

2 挖洞：将土放入容器中，挖洞。如果种植两株或两株以上，株间距保持在20cm左右。

3 植苗：用手压住菜苗底部，从小罐中取出，放入洞里，尽量放浅一点，用手轻压，浇水。

快乐种菜诀窍

抽薹是指植物因受到温度和日照时间长短等环境变化的刺激，随着花芽的分化，茎开始迅速伸长，植株变高的现象。生菜光照时间过长，会发生抽薹现象，茎部顶端开花，茎徒长，叶子变硬。所以，夜间要将生菜放到灯光照不到的地方。

2 周后

4 施肥：施肥10克，撒在底部，与土混合。

小贴士：叶子颜色不好，可能是肥料不足所致，多施一些氮素肥料。

4 周后

收获 菜株直径长到25cm时即可收获。用剪刀从外叶开始剪取，可剪取整株，也可剪取当下要吃的部分。

蔬菜小知识

　　生菜搁置后口感会变差，剪下来的生菜尽量一次吃完。另外，用剪刀剪生菜，生菜接近刀口的地方会变色，尽量用手撕。

　　如果要保存，则需甩干水分，装入保鲜袋，放入冰箱，并尽快食用。

生菜按叶的生长状态区分，有散叶生菜和结球生菜，前者叶片散生，后者叶片抱合成球状。

生菜的种类

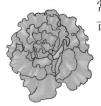

常见的生菜，可生吃，也可炒熟了吃。

结球生菜

颜色鲜艳，阳台会因此漂亮许多。

散叶生菜

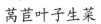

叶子细长，长相与其他生菜差异较大。

莴苣叶子生菜

从植苗到收获只要30天。可用来做沙拉或夹在三明治中。

西生菜

菠菜（藜科）

栽培到收获 5周

难易度 ★

可生吃也可熟吃，口感清脆。

栽培事项

栽培季节：春、秋季
容器型号：标准型
光照要求：半日即可

注意温度和光照

生命力较顽强的蔬菜，光照半日即可。性喜凉，要避免夏日栽培。秋季播种较好，寒冷会使甜味增加。夜里受灯光照射易抽薹。

播种

1 播种：将土层表面弄平，造壕。

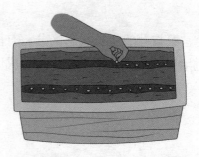

2 撒种：每隔1cm放一粒种子，种子不要重合。

小贴士：播种前，种子用水浸泡一夜更容易发芽。
菠菜种子在酸性较高的土壤中不易发芽，所以应选用市面上出售的酸度已经调制适当的土壤，或在酸性土壤中多掺些石灰。

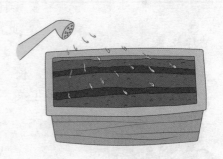

3 浇水：适量培土、浇水，发芽前保持土壤湿润。

1 周后
间苗

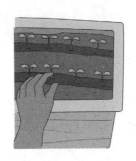

4 间苗：当叶子长出后，将长势较差的小苗拔去，使株间距为3cm左右。

5 培土：为防止留下的菜苗侧倒，往根部培土。

小贴士：若要培育大株的菠菜，可第二次间苗，使株间距为5～6cm左右。

2 周后
追肥
（第一次）

6 追肥：当本叶展开两片后，施肥约10g，撒在壕间，与土混合。

小贴士：光照时间过长容易抽薹，夜里应该放在灯光照不到的地方，尤其是春季播种时更应注意。

3 周后

7 追肥：当菜苗长到约10cm时，施肥约10g，撒在壕间，与土结合。

8 培土：将混合了肥料的土培向菜苗根部。这时候可以间一些菜苗来吃。

快乐种菜诀窍

菠菜会因过湿而得霜霉病，发芽前应保持土壤湿润，但是芽长出来后土壤不能过湿。一般要保持早晨浇的水到傍晚干了。

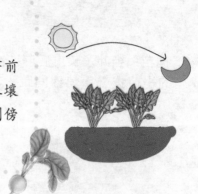

收获 菜苗到20~25cm时可收获，用剪刀从底部剪取。

4周后

20~25cm

注意：收获过晚，菜叶会变硬，口感变差。

蔬菜小知识

怎样保存更新鲜？

用报纸包住，防止水分蒸发，装入塑料袋，放入冰箱蔬菜室。尽量在3~4天内吃完。也可略煮，切成适当大小，用保鲜膜包好，冷冻保存。

韭菜（百合科）

栽培到收获　1年

难易度　★

抗寒耐热，易于种植。

栽培事项

栽培季节：春季
容器型号：中型
光照要求：忌强光长
日照

播种

1 整土：将容器内土层平整后浇足底水。

2 播种：将韭菜种子均匀撒在土壤中，注意不要重叠。

1周后

3 盖土：在种子上覆盖1cm左右土层。

约6天左右，韭菜即可发芽。育苗期要保证水分充足，忌强光和长日照。

五个月
左右

18～20cm

定植

第一年栽种的韭菜不宜收割，待150天左右，株高18～20cm，长出7～9片叶子时，进行定植。

在大型容器内开壕，移栽韭菜，保持间距15～20cm。

注意：定植后一周内可以不需浇水，保持环境温度 20℃左右。

快乐种菜诀窍

韭菜的保存方法？

保存韭菜，可以用报纸包好，放在阴凉通风的地方即可，也可放入冰箱保鲜层。

施肥

10g

定植后，韭菜长出白根可开始浇水施肥。

4 追肥：将有机肥10g左右撒在土壤中拌匀。

每月一次

5 培土：向根部培土以使肥料被充分吸收。

1年后

小贴士：以后每月施肥 1 次即可；浇水次数为"盆干浇水"即可。

此时的韭菜可以不用只作为观赏和驱虫植物了。选择早晨或傍晚，快刀收割之后就可以尝到亲手种植的韭菜。

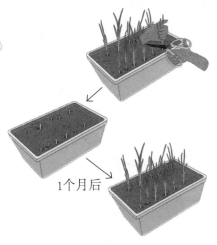

1个月后

蔬菜小知识

怎样吃更可口？

一般一年生韭菜口感比较好，但是如果等不及一年，韭菜幼苗生长1、2个月左右，也可收割来做菜，但是口感比较辣。

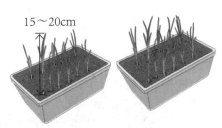

15～20cm

1～2个月   1年

蒜苗（百合科）

栽培到收获　约60天

难易度　★

无土栽培

防癌抗癌，提高免疫力，适合老年人食用。

栽培事项

栽培季节：四季
容器型号：中型
光照要求：无

蒜苗对水分的要求很高，因此，家庭中可以采用无土栽培的方式。

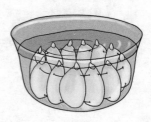

用针线将蒜瓣穿起来。

1 播种：在容器中加入2/3满的水，将蒜瓣放入水中。

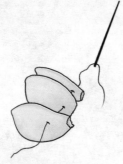

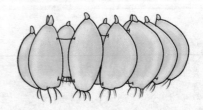

收获 蒜苗可以无限生长，隔两天就可以采摘一次。

小贴士：a.穿蒜头的时候要注意最好穿在靠外层，尽量不破坏其内部的胚芽组织。
b.把蒜头穿成一串是为了固定，蒜头不至于在水里面漂来漂去。
c.穿线的时候要穿两层，能更好地起到固定作用——不让蒜苗长歪。

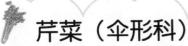 芹菜（伞形科）

栽培到收获　40天

难易度　★

降脂降压，减肥佳蔬。

栽培事项

栽培季节：春、秋、冬季
容器型号：大型
光照要求：半阴

浸种

种 植前最好浸泡种子2～4h。

播种

1　开壕：将容器内的土平整后浇透水，开深约1cm、宽约1cm的小壕。

2　播种：每隔5cm撒2～3粒种子，注意种子不要重合。

 39

1cm

1周后

3　培土：覆盖1cm左右土层。

4　施肥：芹菜需要较多的氮肥，因此在种子萌芽后一周，应及时施肥一次。此后的生长过程中不必施肥。

2 周后

5 间苗：幼苗长到10～15cm时，将长势相对较弱的幼苗拔去，保持间距在5～10cm左右。

蔬菜小诀窍

芹菜性喜冷凉、湿润的气候，属半耐寒性蔬菜；不耐高温。种子发芽最低温度为4℃，最适温度15℃～20℃，幼苗能耐-5℃～-7℃低温。

春季气温较低时，水量宜小，浇水间隔的时期长，一般5～7天浇一次水。生长盛期需水量大，要保持土壤湿润。

5 ～ 6
周后

采收 植株生长到30cm左右，花薹尚未长出前采收，或用劈叶收获法，均可减轻先期抽薹的危害，切勿到抽薹株老时收获。

苦苣（菊科）

栽培到收获 5 周

难易度 ★

可生吃也可熟吃，口感清脆。

栽培事项

栽培季节：春、秋季

容器型号：中型

光照要求：半阴

小株种植

按种植方法，可分为小株种植、中株种植和大株种植。苦苣不耐旱，要勤于浇水。光照半天即可，也可光照更长的时间。可罩纱布以防虫害。

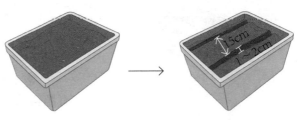

1 开壕：将土层表面弄平，造深约1cm、宽约1～2cm的小壕，壕间距为15cm左右。

2 撒种：每隔1cm撒一粒种子，种子不要重叠。

3 盖土：轻轻盖土，浇水，发芽前保持土壤湿润。

1周后间苗

4 间苗：当小苗都长出来后，将发育较差的用手指捏住拔掉。株间距保持在3cm左右。

41

小贴士：间出来的苗可作为芽苗菜放入料理中。

5 培土：为防止留下的菜苗倒苗，在根部适量培土。

3 周后
追肥
（第一次）

6 追肥：当本叶长出3片后，施肥约10g，撒在壕间，与土混合。

7 培土：往菜苗根部适量培上混有肥料的土。

20～25cm

5 周后
收获与追肥
（第二次）

30cm

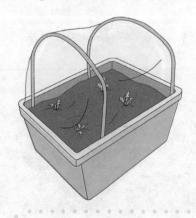

小贴士：夏季的苦苣易招虫害，可以罩防虫网。

8 收获兼间苗：当长到20～25cm时，可收获兼间苗，使株间距为30cm。剩下的苦苣会长成大株。

42

10g

9 追肥：给剩下的苦苣提供必需的养料，撒约10g化肥在壕间，与土混合。

蔬菜小知识

怎样保存更新鲜？

干燥会使苦苣发蔫，可用报纸包裹后装入塑料袋里，并放入冰箱里保存。尽量在2~3天内吃完。

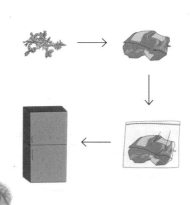

43

快乐种菜诀窍

晚秋时，将已落叶的根株保存在较深的容器中，置放于10℃左右的阴暗处；一个月后，叶片就会叠成球状，可以作为蔬菜食用（此为遮光处理的软化栽培法）。

油麦菜（菊科）

栽培到收获 4周

难易度 ★

耐寒不耐热

油麦菜喜欢凉爽的环境，叶片生长适温为11℃～18℃，温度过高则影响生长或提前开花。

高营养、低热量。

栽培事项

栽培季节：秋、冬季
容器型号：中型
光照要求：少

播种

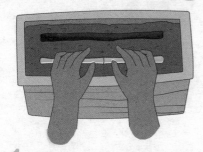

44

1 开壕：将土壤平整后浇足底水。开1cm左右深，1cm左右宽的小壕。

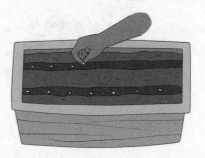

2 撒种：每隔2～3cm撒一粒种子。

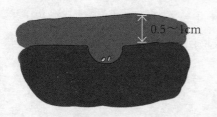

0.5～1cm

3 盖土：覆土0.5～1cm。

注意：保持土壤湿润，约1周发芽。发芽适温 15～20℃，高于25℃或低于8℃不发芽。

4 定植：真叶长到3～4片时，间苗或移苗，株距约10～15cm，浇透水，约1周后可正常管理。

5 追肥：以氮为主的有机肥约10g，撒在垄间，与土混合。

6 培土：向植株根部培土，以促进吸收。

小贴士：油麦菜喜湿润，生长旺盛期要求给予充足水分，通常每天浇水1次，必要时早、晚浇水，以免影响叶片的品质。

45

收获 定植后约一个月，或在长出约15片叶时开始采收，通常在早晨进行，将充分长大、厚实而脆嫩的绿色叶片用手掰下即可。

蔬菜小知识

怎样吃更可口？

油麦菜是火锅必备蔬菜之一，也可以清炒或烹制蒜蓉油麦菜，口感清脆，味道鲜香。

紫甘蓝（十字花科）

栽培到收获 60天

难易度 ★★

含有丰富的维生素C和较多的维生素E和B族维生素。

栽培事项

栽培季节：春、夏季
容器型号：大型
光照要求：充足

播种

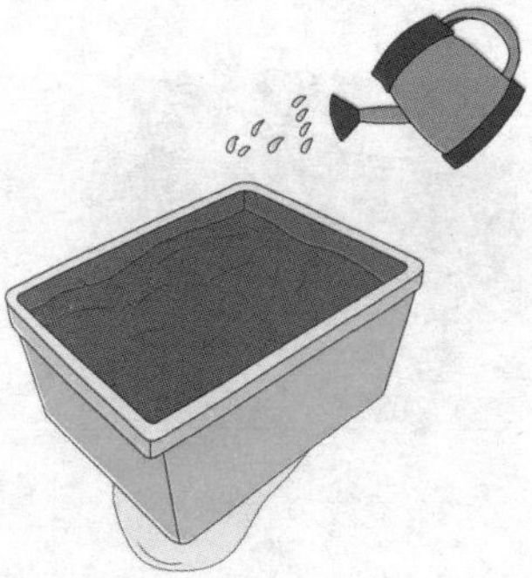

1 开壕：首先浇足底水，将土层表面弄平，开深约1.5cm，宽1～1.5cm的小壕沟，壕间距15cm左右。

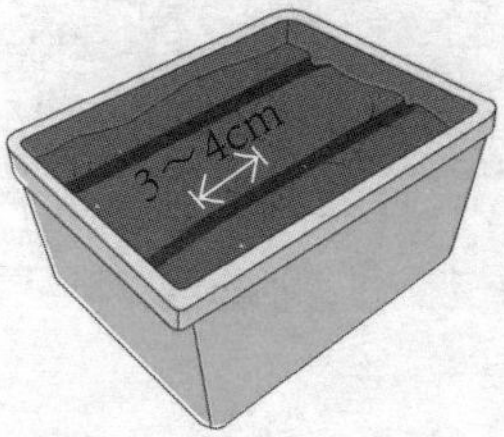

2 撒种：每隔3～4cm放置2～3粒种子。

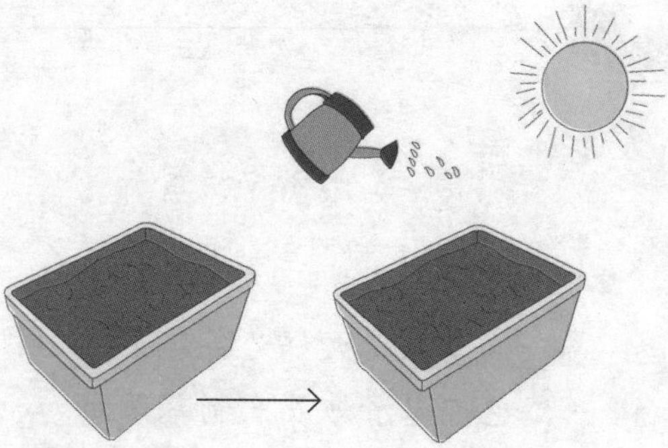

3 盖土：覆盖0.5cm厚的薄土层，发芽之前保证充足光照和水分。

2周后间苗

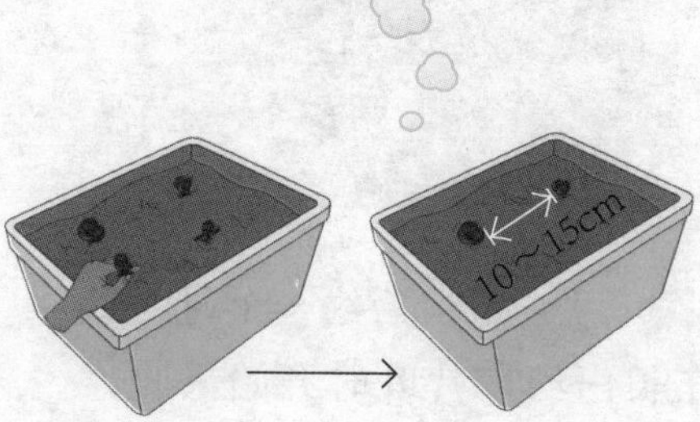

4 拔苗：将长势相对较弱的小苗连根拔去，保持间距在10～15cm。

每天一次

5 培土：为防止倒苗，在根部适量培土。要注意的是，紫甘蓝幼苗应每天保证浇水一次，使土壤充分湿润。

小贴士：被淘汰的小幼苗可以用来做沙拉，味道不错。

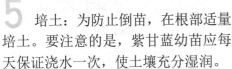

4周后移苗

20～30cm

6 基肥：将基肥与1/3土壤拌匀铺在容器底部，再填入土壤。

7 移苗：紫甘蓝幼苗移栽至大型容器，保持20～30cm间距；或者一苗一盆单独移植。

47

快乐种菜诀窍

紫甘蓝喜欢温和的气候，但也有抗寒力和耐热能力。种子发芽适温为18～25℃；外叶生长的最适温度20～25℃；结球最适温度15～20℃。

18℃～25℃

0℃～25℃   13℃～20℃

7周左右
收获与追肥

15～25cm

8 收获和分苗：紫甘蓝长到15～25cm时可收获，此时最为鲜嫩。

9 追肥：给余下等待继续成长的紫甘蓝提供养料，将含有氮、磷、钾的肥料颗粒撒在土壤中充分混合。

48

10 培土：向根部培土，让肥料可以充分吸收。

8周后

30～45cm

收获 紫甘蓝开展度达到35～40cm时，应及时收获。

蔬菜小知识

怎么吃更可口？

紫甘蓝含有丰富的维生素C，和青椒一起做沙拉或者炝拌小菜，既清新爽口又营养健康，是消暑的理想食品。

空心菜（旋花科）

栽培到收获　20 天

难易度　★

不仅营养丰富，而且具有清热解毒、利尿、止血等药用价值。

栽培事项

栽培季节：春、夏季
容器型号：标准型
光照要求：半阴

对温度和湿度的要求

空心菜喜高温多湿环境，耐热力强，不耐霜冻，遇霜冻则茎叶枯死，生长适温为25℃～30℃，能耐35℃～40℃高温，10℃以下生长停滞，耐湿，有些可在水中培养。

催芽

可 用30℃左右的温水浸种15～18h，然后用纱布包好放入容器内，置于28℃～30℃环境下，当种子有一半以上露白时即可进行播种。

播种

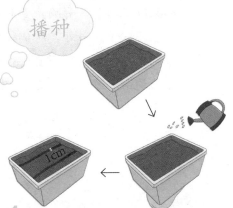

1 开壕：将土平整后浇透水，开约1cm深、约1cm宽的小壕。

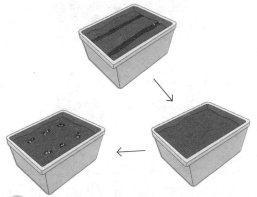

2 撒种：每隔5cm左右，撒2～3粒种子，注意不要重叠。播种后保温、保湿。一般2～3天可出苗。

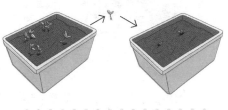

注意：空心菜生长期间会从侧面生出新的分蘖，将新的蘖株小心带根拔出，另行栽种即可。

49

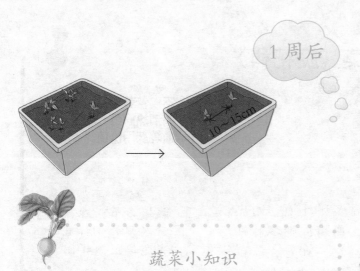

1 周后

定植 本叶长出3～4片时，选择长势健康的幼苗移栽或间去长势弱的幼苗。最后定苗的株距保持在10～15cm。

10～15cm

蔬菜小知识

空气干燥，土壤水分不足，易导致空心菜纤维增多，影响产量和品质，空心菜宜湿不宜干。另外，对侧枝发生过多、枝条拥挤而细弱的部分要进行疏枝，使枝条生长均衡，通风透光良好，提高品质。

2 周后

3 周后

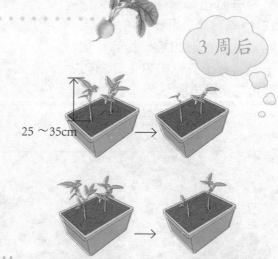

25～35cm

施肥 底肥以有机肥、磷肥为主，可撒施一定量的草木灰。

采收 苗高25～35cm左右时即可采收。在进行第一、二次采收时，茎基部要留足2～3个节，以利于采收后新芽明发，促发侧枝。采收3～4次之后，应对植株进行1次疏枝，即茎基部只留1～2个节，防止侧枝发生过多，导致生长纤弱。

茼蒿（菊科）

栽培到收获 5 周

难易度 ★

略带苦味，涮锅不可或缺。

栽培事项

栽培季节：春、秋季
容器型号：标准型
光照要求：半天即可

可长期收获

栽培季节为春、秋季。根据叶子大小分为大、中、小型，家庭栽培宜选用抗寒、抗暑性都强的中型。剪去主枝让侧芽生长，可长时期收获新鲜蔬菜。

播种

1 开墒：将土壤平整后浇足底水。开1cm左右深，1cm左右宽的小墒。

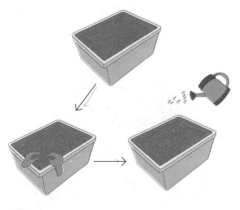

3 盖土：抓土轻轻盖在种子上，轻压，浇水。

2 撒种：隔1cm撒一粒种子。

小贴士：茼蒿种子喜光，盖土要轻，使种子半隐半现。

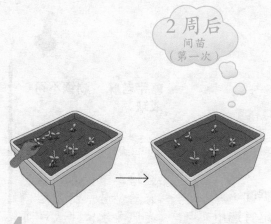

4 间苗：当子叶展开、叶子长出1～2片时，将弱小的菜苗拔去，使苗之间相隔3～4cm。

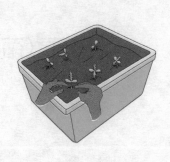

5 培土：间苗结束后，为防止留下的菜苗倒苗，要往菜根部位适当培土。

6 间苗：当叶子有3～4片时，间苗，使苗之间相隔5～6cm。

小贴士：这时，茼蒿已经散发出特有的香味了。

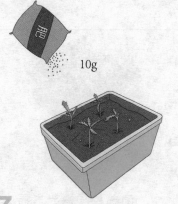

10g

7 追肥：施肥约10g，撒在底部，与土混合。

8 培土：为防止留下的菜苗倒下，适当培土。

52

5 周后

9　间苗：当叶子长到6～7片时，可部分收获，使苗之间的距离为10～15cm，从菜株底部剪取。

10～15cm

6～7周后

10　追肥：施肥约10g，撒在空隙处，培土。

采收　长到20～25cm后可收获，可以整株拔起，也可将主枝剪去，使侧芽生长。下边留下2～3片叶子，将主枝剪去。侧芽长到一定程度后，也可留2～3片叶子，收获主枝。

53

两周一次

注意：剩下的菜苗不要忘了施肥，两周一次。

娃娃菜（十字花科）

栽培到收获 7 周

难易度 ★

富含锌元素，养胃生津。

栽培事项

栽培季节：春、秋季
容器型号：标准型
光照要求：充足

温度要控制

娃娃菜的生长温度在15℃～25℃之间，低于5℃会出现冻害，高于25℃则易感染病毒。

播种

1 开壕：首先浇足底水，将土层表面弄平，开深约1.5cm，宽1～1.5cm的小壕沟，壕间距15cm左右。

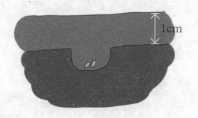

1cm

3 培土：覆盖1cm左右土层，发芽之前保证充足光照和水分。

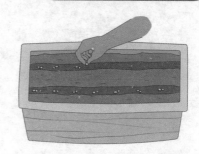

2 撒种：每隔3～4cm放置2～3粒种子。

1 周后

种子一般在7～10天左右破土发芽，在幼叶拉成十字花型的时候，可以进行分苗、间苗。

54

4 间苗：将长势相对较弱的小苗连根拔去，保持间距在10～15cm；也可选择大容器中集体培植出的长势良好的幼苗单个移植到花盆中。

5 培土：为防止倒苗，在根部适量培土。要注意的是，娃娃菜幼苗应每天保证浇水一次，使土壤充分湿润。

3 周后

小贴士：被淘汰的小幼苗可以做汤或拌菜，甜嫩爽口。

幼 苗成长半个月后，可以开始第一次施肥。

施肥
（初次）

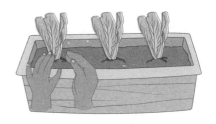

6 施肥：将含氮、磷、钾的肥料颗粒撒在土壤中充分混合。

7 培土：向菜苗根部适当培土，使肥料充分吸收。

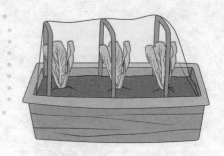

注意：幼苗期的娃娃菜易出现倒苗，有可能是光照不足引起的，因此要给小菜苗充足的日光浴；另外，幼苗期娃娃菜叶易招虫，可用防虫网或纱罩覆盖。

蔬菜小知识

娃娃菜最好不要在冰箱中储存，可放置在避光的0℃左右的地方；如一定要在冰箱中冷藏，应用保鲜膜包裹后放入保鲜层内。

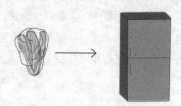

5 周后
追肥（二次）

7 周后

将含有氮、磷、钾的肥料颗粒撒在土壤中充分混合。

收获 娃娃菜长到25～30cm时可收获。

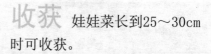

蔬菜小知识

怎样吃更可口？

娃娃菜可以和蒜蓉粉丝一起蒸，也可以炖、炒和拌。上汤娃娃菜就是一道非常美味的佳肴。

芥蓝（十字花科）

栽培到收获　6周

难易度　★

不耐干旱

芥蓝喜欢湿润的土壤环境，以土壤最大持水量80%～90%为适。

芥蓝柔嫩、鲜脆、清甜、味鲜美。

栽培事项

栽培季节：春、秋季
容器型号：标准型
光照要求：充足

播种

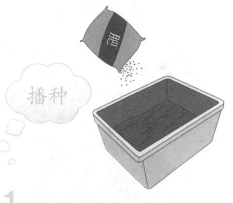

1 基肥：将肥料与1/3土壤充分混合铺在容器底部，再填充土壤，浇透水。

2 开壕：在土层表面做深约1cm、宽约1cm的小壕。

57

3 撒种：隔1cm撒一粒种子。

4 盖土：覆盖厚约1cm的土。

5 间苗：当子叶展开、叶子长出1～2片时，间苗，将弱小的菜苗拔去，使苗之间相隔5～10cm。

6 培土：间苗结束后，为防止留下的菜苗倒苗，要往菜根部位适当培土。

8 追肥：施肥约10g，撒在底部，与土混合。

7 间苗：当叶子有3～4片时，间苗，使苗与苗之间相隔15～20cm。

9 培土：为防止留下的菜苗倒苗，适当培土。

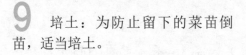

5周后
间苗兼收获、追肥
（第二次）

10 间苗：当叶子长出6～7片时，可部分收获，使苗之间的距离为25～30cm，从菜株底部剪取。

11 追肥：施肥约10g，撒在空隙处，培土。

6周后

收获 长到25～30cm后可收获。主菜苔采收时，在植株基部5～7叶节处稍斜切下，并顺便把切下的菜薹切口修平，码放整齐。侧菜苔的采收则在苔基部1～2叶节处切取。采收工作应于晴天上午进行。

蔬菜小知识

怎样吃更可口？

芥蓝的花苔和嫩叶脆嫩，清淡爽脆，爽而不硬，脆而不韧，以炒食最佳，另外可用沸水焯熟作凉拌菜。

臭菜（豆科）

栽培到收获　20 天

难易度　★

有开胃助消化，增进食欲的效果。

栽培事项

栽培季节：春、夏、冬季

容器型号：标准型

光照要求：半阴

蔬菜里的野孩子

臭菜的生命力顽强，只要控制好温度和湿度，就能健康成长。

播种

1 基肥：在土壤中施足底肥，浇透水。

2 播种：在土壤中均匀撒入种子，覆土0.5cm。

1 周后

间苗　选择长势相对较弱的幼苗间去，给健康幼苗以更大的空间。

小贴士：间去的幼苗可佐餐生吃也可做汤。

2 ~ 3 周后

采收 随时可以收获嫩菜食用，口感极佳。

小贴士：由于食用部分是植株幼嫩的芽、叶、梢，采收一定要及时，否则幼嫩茎叶纤维化，就失去了食用价值。以上午植株露水未干、幼嫩茎叶鲜嫩、水分含量较高时为最佳采收期。

61

快乐种菜诀窍

把握播种时间，臭菜一年可以种三次，五月初一次，七月初一次，冬天一次；要勤于浇水和除草；土壤保持湿润，防止干旱；播种时把种子撒密点。

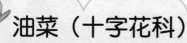

油菜（十字花科）

栽培到收获　5周

难易度　★

营养丰富、适合阳台栽培。

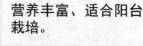

栽培事项

栽培季节：春、秋季
容器型号：标准型
光照要求：光照半日即可

注意害虫

　　油菜生性顽强，半天光照即可。撒种时，注意不要过密。另外，需注意害虫侵害，可罩防虫网预防。

播种

1 开壕：将土层表面平整后造深约1cm、宽约1～2cm的小壕，壕间距为10～15cm。

注意：前面介绍过将种子撒在壕里的播种方法，采取此播种方式时，注意不要撒种过密、种子重合，否则将来间苗会很困难。

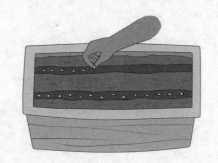

2 撒种：每隔1cm放一粒种子。

3 盖土：轻轻盖土，浇水，发芽之前保持土壤湿润。

小贴士：油菜易招虫子，可用防虫网罩住。

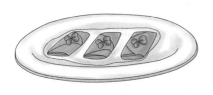

小贴士：间出来的菜苗可以作为芽苗菜放入料理中。

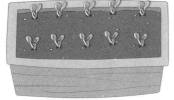

6 追肥：油菜发芽后，将发育不好的菜苗用两手指捏住拔掉，使株间距为3cm左右。

1周后
间苗

4 间苗：油菜发芽后，将发育不好的菜苗用两手指捏住拔掉，使株间距为3cm左右。

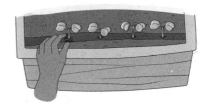

5 培土：为防止留下的菜苗倒苗，适量培土。

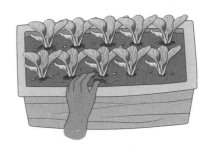

7 培土：将混了化肥的土培到株底。

注意：不要施肥过多，如果生长比较好，追肥一次即可。

3 周后
追肥
（第二次）

5 周后

当 长到10cm后，在壕间施肥约10g，与土混合。

收获 当长到25cm后，可收获，用剪刀从底部剪取。油菜过大，口感会变差。

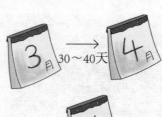

小贴士：春秋季播种 30 ～ 40 天可收获，夏季播种一个月即可收获。

64

蔬菜小知识

怎样保存更新鲜？

直接保存易变质，大量收获后可以热水焯过再冷冻保存。焯过后注意控干水分。可以分成小份，用保鲜膜包后再放入密封袋里，放入冰箱冷冻。

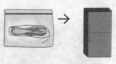

马齿苋（马齿苋科）

栽培到收获 4周

难易度 ★

含有蛋白质、多种维生素、矿物质等营养成分。

栽培事项

栽培季节：春季
容器型号：标准型
光照要求：充足

适应能力强

病虫害较少，对温度变化不敏感。对土壤条件要求不高，但以向阳、肥沃、保水、保肥能力强的沙壤土最为适宜。

播种

1 播种：在气温稳定在15℃以上时进行。播种前，先将盆土浇足底水，待水下渗后，将种子撒播。

2 盖土：覆盖0.5cm厚的细土。

65

2～3天后

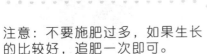

注意：不要施肥过多，如果生长的比较好，追肥一次即可。

3～4cm

间苗 一般播种后2～3天可以出苗，出苗后应及时间除过密过细的幼苗，同时拔除可能有的杂草，株距3～4cm左右。

2 周后
间苗
（第二次）

当苗高15cm左右时，可以开始拔除幼苗食用，并保持株距7～8cm。

快乐种菜诀窍

马齿苋适应性极强，无需肥水管理。一般情况下不用浇水，在特别干旱、表土变白时可补充一些水分，保持盆土湿润。

4 周后

采收 株高25cm以上时，茎叶粗大肥厚且幼嫩多汁，尚未现蕾时采收。采收时要注意在植株基部留2～3个节，便于继续生长，陆续采收。采收后不要马上浇水，待基部隐芽发出后，再浇小水并施肥。

蔬菜小知识

马齿苋常生在荒地、田间、菜园、路旁等，分布在我国各地：华南、华北、东北、中南、西南、西北较多。既是蔬菜，又是良药。

马齿苋含有蛋白质、脂肪、碳水化合物、膳食纤维、钙、磷、铁、铜、胡萝卜素、维生素B_1、维生素B_2、维生素C、尼克酸等多种营养成分。

食用前，去须根、杂质，洗净，在滚水里浸烫，待茎软后，再用清水冲洗，以减轻酸味和黏液。

芦荟（百合科）

栽培到收获 20 天

难易度 ★

沙漠耐旱植物，只要温度不低于0℃，几乎不用浇水就能成活。

栽培事项

栽培季节：春、夏、秋季

容器型号：大型

光照要求：避光

芦荟的品种繁多，形状差别很大，千姿百态，花色叶型各有特色，利用效果大小不一样。目前我国的大田种植和家庭盆栽都以翠叶芦荟（库拉索芦荟、美国芦荟）、中国芦荟（斑纹芦荟）、木立芦荟（日本芦荟）较普遍，这三种芦荟观赏性较高。

种植

68

盆栽时，先把盆土装上2/3，把种苗放在盆中，把根系张开，然后装上余下的盆土，把种苗轻轻提动一下，稍为压实盆土，以种苗不倒为准。然后浇少量的定根水，放在有遮阴的地方，待芦荟开始生长后，再移到阳光处。

小贴士：夏天要防烈日，芦荟在幼苗时对阳光较敏感，要适当遮阴。种植后，有的芦荟叶片会变色，这是芦荟的缓苗期，当它开始正常生长后，叶色就会变好。

肥水管理

1 浇水：芦荟盆土要保持湿润，水太多对芦荟的根系不利，因为芦荟有耐旱怕涝的特点，需要浇水时，沿盆边轻轻地浇但不要用力冲，以免盆土容易板结，影响盆土的透气性，当盆土出现板结时，要适时松土，深度1.5cm左右。

2 施肥：芦荟在生长过程中，单靠盆土的养分是不够的，适当施肥才能满足生长需要，肥料以有机肥为宜。施肥的次数要根据芦荟的生长情况而定，如经常需要叶片利用的，次数要多一些，一个月左右施一次。

小贴士：种植是盆栽的开始，这道工序做得好坏，对后期盆栽芦荟的生长、发育关系密切。种植前在盆底先放一块碎瓦片，压在盆底的透水孔上，既能保持排水，又不会将盆土漏出。

快乐种菜诀窍

盆栽芦荟宜选透气性好的泥瓦盆。若选用新盆，则应用水浸透，否则种植后浇水不易把盆渗透，半干半湿的盆壁会伤新根。如用旧花盆，则应把盆土残渣、青苔洗刷干净，放在阳光下晒干再用，既能增加盆体透气性，又能预防病虫害。

木耳菜（落葵科）

栽培到收获 4 周

难易度 ★

营养元素含量极其丰富，尤其钙、铁等元素含量最高。

栽培事项

栽培季节：春、秋季
容器型号：大型
光照要求：充足

高钙蔬菜

木耳菜的钙含量很高，是菠菜的2～3倍，且草酸含量极低，是补钙的优选经济菜。

播种

1～2天

小贴士：出苗后，要保持土壤湿润，适时浇水。

70

1 浸种：可于种子播前浸泡1～2天，在30℃左右温度条件下催芽，3～5天后出苗。

2 周后

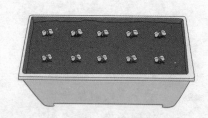

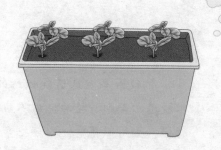

2 植苗：将容器内的土整平，间隔2～3cm植苗一棵。

3 间苗：将长势相对较弱的幼苗间除，保持间距在10cm左右。

4 周后
追肥（首次）

4 施肥：将约10g有机肥均匀撒在土壤中充分混合。

5 周后

5 培土：向植株根部培土，以利于肥料充分吸收。

收获 播后40天左右苗高10～15cm即可采收，以采栽嫩梢为主，实行多次采收。每次采收后及时施肥一次。

71

快乐种菜诀窍

选种时，可选择长势强，分枝多，耐热、耐旱、耐潮湿，茎粗，叶片肥厚，嫩叶柔软、光滑、肉质的品种。如，大叶木耳菜。

香菜（伞形科）

栽培到收获 25～30 天

难易度 ★

提味蔬菜，是汤中佳佐。

栽培事项

栽培季节：春、秋季
容器型号：标准型
光照要求：充足

播种

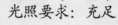

40℃   4～6h

1 催芽：将种子压裂，用40℃左右温水浸种4～6h。

2 播种：容器内土层平整，浇透水，将种子均匀分散在土上。

3 培土：覆盖约0.5cm左右的薄土。

注意：出芽后，置于充足光照环境下，早晚各浇一次水。

72

2 周后

4 追肥：用5g左右有机肥与水混合后均匀浇入即可。

4 周后

收获 植株达到15～20cm高时即可采收。香菜可以多次采收，每采收一次后要及时追肥。

小贴士：因为香菜的种子是两颗生在一起的，因此把种子压裂搓开更容易出芽。

73

快乐种菜诀窍

香菜不耐旱，须每隔5～7天轻浇一次水，基本在全株生育期，要浇水5～7次，以保持土壤湿润。

西蓝花（十字花科）

栽培到收获　8周

难易度　★★

营养丰富，防癌抗癌。

栽培事项

栽培季节：夏季
容器型号：大型
光照要求：充足

植苗

1 选苗：选择长势端正，幼茎强壮的幼苗。

2 挖洞：在大型容器中挖洞，洞口要比菜苗底部土块略大。

3 植苗：将幼苗移入容器，注意保护好根部。

4 培土：将幼苗扶正，适当培土，轻压，浇透水。

2周后
追肥（首次）

6 培土：往根部适当培土，防止倒苗。

5 施肥：10g左右有机肥，均匀撒在容器内，与土壤充分混合。

8周后

6周后
追肥
（第二次）

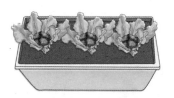

收获 西蓝花长到拳头大小时即可收获，此时口感十分脆嫩清香。

7 施肥：西蓝花的花蕾长当1块钱硬币大小时，进行第二次追肥。

注意：如果希望继续长大，每半个月施肥一次。

蔬菜小知识

怎样吃更可口？

西蓝花除了可以炖汤和炒制，做沙拉也很好吃。尤其夏天，将西蓝花用沸水焯熟，冷却后和樱桃番茄一起用沙拉酱拌好，在冰箱内放置一会儿，再拿出来食用，非常清香爽口。

花椰菜（十字花科）

栽培到收获 10 周

难易度 ★★

营养丰富，防癌抗癌。

栽培事项

栽培季节：夏季
容器型号：大型
光照要求：充足

植苗

1 选苗：选择长势端正，幼茎强壮的幼苗。

2 挖洞：在大型容器中挖洞，洞口要比菜苗底部土块略大。

3 植苗：将幼苗移入容器，注意保护好根部。

4 培土：将幼苗扶正，适当培土，轻压，浇透水。

5 施肥：花椰菜的花蕾长到1块钱硬币大小时，进行第二次追肥。

6 培土：往根部适当培土，防止倒苗。

77

7 施肥：花椰菜的花蕾长到1元硬币大小时，进行第二次追肥。

8 施肥：花椰菜的花蕾长当拳头大小时，进行第三次追肥。

收获 花椰菜直径达到15cm左右即可收获，此时口感十分脆嫩清香。

注意：如果希望继续长大，每半个月施肥一次。

香葱（百合科）

栽培到收获 4周

难易度 ★

每天食用对身体有益。

栽培事项

栽培季节：春、秋季
容器型号：标准型
光照要求：充足

葱是喜干旱的蔬菜

除了出苗期，不宜过多浇水，尤其植株长到20cm左右时，要控制水量，7天左右浇水一次即可。

播种

0.5cm

1cm

1 开壕：将土壤平整后浇足底水。开深约0.5cm、宽1cm左右的小壕。

2 撒种：每隔2～3cm播种3～5粒，注意不要重叠。

1周后

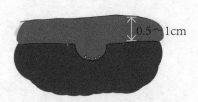

0.5～1cm

3 盖土：覆盖0.5cm左右的薄土。

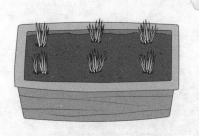

4 间苗：将弱苗、枯苗间去，保证丛间距5～8cm，每丛3～5株。

5 施肥：有机肥约10g左右与水混合，均匀浇入。

采收 株高15～20cm左右即可采收，此时口感最为鲜嫩。采收时可每一株丛拔收一部分分蘖，留下一部分继续培肥管理，待8周左右生长繁茂后再收。采收后即剥去枯叶，去外鞘见白为宜。

79

快乐种菜诀窍

　　香葱根系不发达，分布较浅，根部吸水能力较弱，所以干旱时要坚持小水勤灌，既防旱，又防渍。成活后，可在晴天早晨4、5点种大股水流浇灌，因此时水和土壤温度基本一致，且等太阳出来后沟内积水已基本渗干。若正午灌水，水和土壤温差大，不仅易烧根死葱，且易诱发多种病害。

芥菜（十字花科）

栽培到收获 50 天

难易度 ★★

具有特殊的辛辣风味。

栽培事项

栽培季节：秋季
容器型号：大型
光照要求：半阴

喜冷凉润湿

芥菜忌炎热、干旱，稍耐霜冻。因此种植过程中要避免强光长日照。

播种

1 开壔：将土壤平整后浇足底水。开深约0.5cm、宽1cm左右的小壔。

2 撒种：每隔1cm放一粒种子。

1 周后间苗

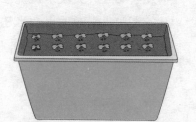

3 盖土：轻轻盖土，浇透水，发芽之前保持土壤湿润。

4 间苗：芥菜发芽后，将发育不好的菜苗拔掉，使株间距为3～5cm。

小贴士：间出来的菜苗可以作调味用。

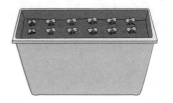

5 培土：为防止留下的菜苗倒掉，适量培土。

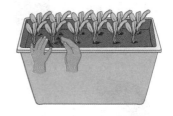

7 追肥：当本叶展开2～3片后，施肥约10g，撒在壕间，与土混合。

6 培土：将混了化肥的土培到株底以便吸收。

注意：不要施肥过多，如果生长比较好，追肥一次即可。

81

8 追肥：当芥菜本叶长到10cm后，再次在壕间施肥约10g，与土混合。

收获 植株长到25～30cm左右即可收获。

Part B

根茎类

洋葱（百合科）

栽培到收获　16 周

难易度　★

促进新陈代谢、血液循环。

栽培事项

栽培季节：秋季

容器型号：标准型或大型

光照要求：充足

从幼苗开始栽培

一般采用从幼苗开始栽培的方法。洋葱秋种春收，家种洋葱可在任何时间收获。洋葱适应性强，栽种失败情况少，适合初级菜友。

植苗

1 选幼苗：选择不带伤、病的幼苗。

2 开壕：将土层表面平整后开深约1cm、宽约3cm的小壕，壕间距为10～15cm。

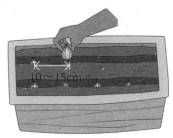

3 植幼苗：尖的部分朝上，每隔10～15cm植一棵。

注意：洋葱不需要间苗，植苗时要留下足够空间。

4 盖土：轻轻盖土，不要全盖住，幼苗的上部留在土外，浇水。

83

注意：不要浇水过多。否则幼苗易腐烂。

5 追肥：当长到15cm时，施肥约10g，撒在壕间，与土混合。

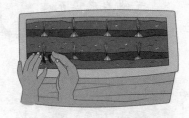

6 培土：将混合了肥料的土培向菜苗根部。

7 追肥：根部膨胀后施肥约10g，撒在壕间，与土混合。

8 培土：碎土并将混合了肥料的土培向根部。

注意：这时如果发现枯叶，用剪刀剪去，否则易导致病害。

快乐种菜诀窍

洋葱属于对肥料需要较多的蔬菜，特别是出芽后，磷酸短缺，根部难以膨胀，基肥可选择磷酸较多的肥料。

16 ~ 17
周后

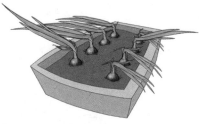

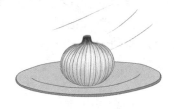

收获 叶子倒了以后，就可以收获，抓住叶子拔出来即可。

注意：收货后的洋葱应该放在通风良好的地方搁置半天，这样有利于洋葱的保存。

85

蔬菜小知识

洋葱应该放在干燥的地方保存。可装入网兜里放在通风良好的地方。

另外，可炒成糖色，冷却后，用保鲜膜包好放入冰箱冷冻。

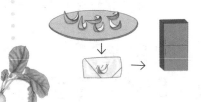

生姜（姜科）

栽培到收获 8 周

难易度 ★

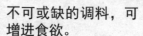

不可或缺的调料，可增进食欲。

栽培事项

栽培季节：春季
容器型号：标准型
光照要求：光照半日即可

保持温度

生姜有大、中、小三种类型，盆栽适合选择小型的。生姜喜高温多湿，适合密集种植。

有好的光照条件当然最好，如果没有，半天也可以。生姜比较不耐旱，要勤于浇水，也要注意湿气不要太重，否则根部会腐烂。

种植

1 装土：将准备好的培养土分一半倒入容器，将土层表面整平。

2 准备种姜：选择带芽、并无伤的种姜。

蔬菜小知识

种姜指的是去年收获后埋在土里越冬的姜，一般选择饱满、形圆、皮不干燥的姜。

市售的生姜可拿来做种姜。

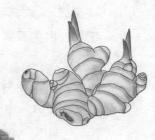

86

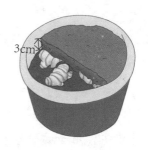

3 种植：将芽朝上，放在容器中，紧密排列。

4 盖土：在上面盖土，使土层厚约3cm左右。浇水，发芽前土壤保持湿润。

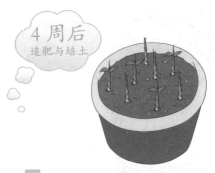

4 周后
追肥与培土

小贴士：如果所处地区较冷，可在土层表面盖草，最好罩上塑料袋。

5 施肥：发芽后，施肥约10g，与土混合，培向根部。

87

提示：以后每月追肥、培土1～2次。

8 周后
收获
（特殊生姜）

12 周后

当 叶子长到4～5片时，可以拔起收获。

当 叶子长到7～8片时可二次收获。

蔬菜小知识

生姜性味辛热，能温里散寒，温肺化痰。用于脘腹冷痛，呕吐腹泻；肺寒久咳气喘，痰多清稀。

6个月后
收获
（普通生姜）

收获 当叶子变黄后，可收获。可用小铲子刨出来即可。

88

蔬菜小知识

生姜可长期保存。

普通生姜将茎切掉，在常温条件下即可保存，也可用报纸包裹后，放在阴冷、黑暗的地方保存。保留5cm左右的茎，用水洗净晾干，装入塑料袋后放入冰箱保鲜层保存。

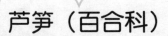

芦笋（百合科）

栽培到收获　1 年

难易度 ★★

富含多种氨基酸、蛋白质和维生素，调节机体代谢。

栽培事项

栽培季节：春、秋季
容器型号：大型
光照要求：充足

浸种

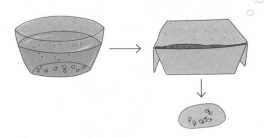

1 浸种：播种前用25℃～30℃的温水浸泡3～5天，每天换水1～2次，待种子吸足水分捞出，拌细沙装于容器内，盖湿毛巾，置于25℃～30℃条件下催芽，每天翻动两次，经5～8天露白后即可播种。

2 周后

2～3cm

2 育苗：家庭盆栽的菜友，可以育苗盒或育苗块进行育苗，覆土厚度是2～3cm左右，环境温度为25℃～30℃最佳。

4 周后
定植

PH5.8～6.7

有机沙土

底肥

3 选土：选择土质疏松透气性好，排水通畅，土层深厚，富含有机质的沙壤土，pH值5.8～6.7为宜，前茬没种过胡萝卜、甜菜等。栽种前要基足底肥。

6 周后

4 定植：大壮苗每洞1株，弱小苗每洞两株。每盆1～2株即可。栽种时将根系伸向四周，一手扶住苗身，先盖少量土并压实，然后再盖细土4～5cm，浇透水，水渗下后的再盖土1～2cm，防止板结和水分蒸发。

5 翻土：定植后15天进行一次疏松土壤，确保通气，土壤水分保持60%～70%，过旱应适量浇水，但不宜浇水过多以免烂根。

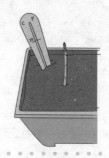

8 周后

小贴士：如果所处地区较冷，可在土层表面盖草，最好罩上塑料袋。

6 施肥：每盆施有机肥5～10g，与土壤充分混合以利于吸收。此后每月施肥一次，配合浇水。

→ 25cm
→ 20cm

1 年后采收

收获 一般笋高20～25cm开始采收。大体时间在5月中旬左右，以后各年相同。绿芦笋要求色泽深绿、鲜嫩、整齐，笋尖鳞片抱合紧密不散失，笋条直不弯曲，无畸形，无虫蚀，采收时间在上午9～11点为宜。

→ 70cm

采收方法

用锋利的小刀整齐地割下嫩茎，茎部不要留高茬。对生长过细、弯曲、畸形、残枝、弱枝病株应及时割除，每株留1~2个健壮茎秆进行光合作用，当其高度达到70cm及时摘心，控制株高。

快乐种菜诀窍

芦笋主要病害为茎枯病和褐斑病，防治上做到用无杂质的营养土；多施有机肥和钾肥，促使植株健壮，增强抗病力；控制土壤湿度等。

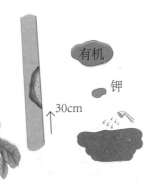

有机

钾

↑ 30cm

91

蔬菜小知识

芦笋一次种植可连续收获10~15年。在南方全年生长；北方地区冬季进入休眠状态，第二年会继续生长。

红薯（旋花科）

栽培到收获 20 周

难易度 ★

被营养学家们称为营养最均衡的保健食品。

栽培事项

栽培季节：春、夏季
容器型号：大、深型或者袋子
光照要求：充足

结实的蔬菜

红薯是高产、稳产的一种作物，它具有适应性广，抗逆性强，耐旱、耐瘠，病虫害较少等特点。

植苗

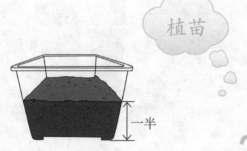

一半

1 装土：将营养土装满容器的一半。

2 准备种薯：将种薯切开，切时注意芽要分布均匀，切开后每个重约30～40g。

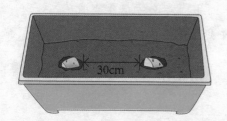

30cm

3 植种：将种薯切口向下，放入挖好的洞口。种薯之间的距离为30cm左右。

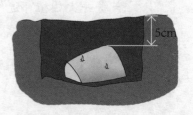

5cm

4 盖土：盖土约5cm。浇水，发芽前保持土壤湿润。

5 去芽：当新芽长到10～15cm后，将发育较差的新芽去掉，只留1株或2株。

有花蕾后，和上次一样追肥、加土。

收获 茎、叶变黄、干枯后，就到了收获期。拔出茎。土里的红薯也就出来了。

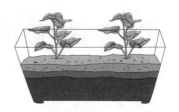

6 追肥：按1kg土配置1g肥料的比例，将土和肥料混合，倒入容器中，大约倒5cm高，浇水。

小贴士：最好选择在好天气收获。

93

紫薯（旋花科）

栽培到收获 20 周

难易度 ★

除了具有普通红薯的营养成分外，还富含硒元素和花青素。

栽培事项

栽培季节：春、秋季
容器型号：大、深型或者袋子
光照要求：充足

高钙蔬菜

紫薯从茎尖嫩叶到薯块，均具有一定保健功能，是无公害、绿色的有机食品。

植苗

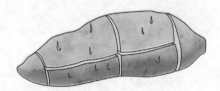

1 装土：将营养土装满容器的一半。

2 准备种薯：将种薯切开，切时注意芽要分布均匀，切开后每个重约30～40g。

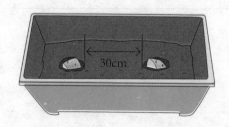

30cm

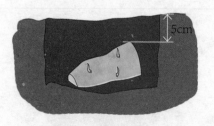

5cm

3 植种：将种薯切口向下，放入挖好的洞口。种薯之间的距离为30cm左右。

4 盖土：盖土约5cm。浇水，发芽前保持土壤湿润。

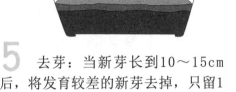

5 去芽：当新芽长到10~15cm后，将发育较差的新芽去掉，只留1株或两株。

6 追肥：按1kg土配置1g肥料的比例，将土和肥料混合，倒入容器中，大约倒5cm高，浇水。

有花蕾后，和上次一样追肥、加土。

95

收获 茎、叶变黄、干枯后，就到了收获期。拔出茎。土里的紫薯也就出来了。

小贴士：最好选择在好天气收获。

马铃薯（茄科）

栽培到收获 13 周

难易度 ★

喜欢阴凉的蔬菜

马铃薯由种薯发育而成，栽培期间不断加入土，所以容器要选用大的，也可用袋子。

马铃薯喜欢温凉的气候，高温不利于生长发育。

对土的要求不高，但要注意土壤不可过湿，否则易生病害。

植苗

1 装土：将营养土装满容器的一半。

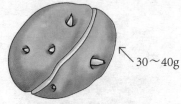

30～40g

2 准备种薯：将种薯切开，切时注意芽要分布均匀，切开后每个重约30～40g。

30cm

3 植种薯：将种薯切口向下，放入挖好的洞口。种薯之间的距离为30cm左右。

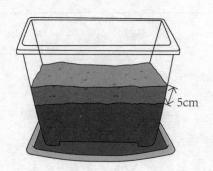

5cm

4 盖土：盖土约5cm。浇水，发芽前保持土壤湿润。

96

快乐种菜诀窍

为什么用种薯种植？

用平时吃的马铃薯或在菜园栽种的马铃薯做种，易感染病毒，收获较小。栽培马铃薯要确认种薯是脱毒而且有芽的。

脱毒　有芽

6周后
追肥与加土
（第二次）

5 去芽：当新芽长到10～15cm后，将发育较差的新芽去掉，只留1株或两株。

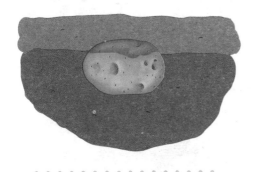

通过加土可防止马铃薯变绿。

6 追肥：按1kg土配置1g肥料的比例，将土和肥料混合，倒入容器中，大约倒5cm高，浇水。

8周后
追肥与加土
（第二次）

有 花蕾后，和上次一样追肥、加土。

13周后

收获 茎、叶变黄、干枯后，就到了收获期。拔出茎。土里的马铃薯也就出来了。

小贴士：最好选择在好天气收获，将马铃薯表皮晒干，马铃薯不容易坏掉。

注意：有芽的或绿化的部分含有毒素，不要食用。

98

蔬菜小知识

马铃薯是可以长时间存放的蔬菜，可用报纸等包好，放在通风良好、没有阳光直射的地方。建议保存时放一个苹果，苹果释放的聚乙烯可防止马铃薯发芽，有利于马铃薯的长期保存。

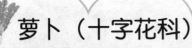 萝卜（十字花科）

栽培到收获　8周

难易度　★★★

怕高温、怕害虫

春季和秋季都可播种，但萝卜性喜冷、凉，怕高温，春季播种容易抽薹，最好秋季播种。

叶子易受蚜虫、小菜蛾侵扰，可罩防虫网预防虫害。

有助于消化，冬季蔬菜的代表。

栽培事项

栽培季节：春、秋季
容器型号：大、深型
光照要求：充足

播种

99

1 挖洞：将土层表面弄平，挖深约2cm、直径约5cm的洞。

3 盖土：盖土后轻压土壤，浇水，发芽前保持土壤湿润。

2 撒种：一个洞里撒5粒种子，种子之间不要重合。

2周后
间苗(第一次)

4 间苗：当本叶长出来后，间苗。

5 培土：为防止留下的苗倒苗，适当培土。

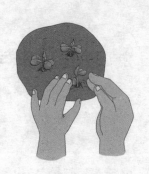

快乐种菜诀窍

萝卜"劈腿"怎么办？

如果土里混有石子、土块时，本应该竖直生长的根受到阻碍，很有可能出现"劈腿"现象。

准备土的时候，应该用筛子去掉不需要的东西，把土弄碎。另外，苗受伤也是"劈腿"的一个原因，间苗时应予以注意。

3周后
间苗（第二次）

6 间苗：当本叶长出3～4片后，间苗，使一个洞里只剩1株或两株。

小贴士：间出来的苗可以用来做蔬菜沙拉。

5周后
间苗（第三次）
与追肥（第二次）

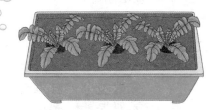

7 间苗：当本叶长出5～6片时，间苗，使一个洞里只剩一株。

8 追肥：施肥约10g，撒在株间，与土混合。

8周后

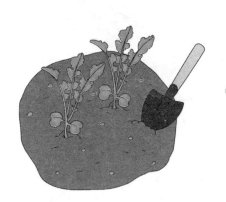

9 培土：为防止留下的苗倒苗，适当培土。

101

收获 当根的直径为5～6cm时，可收获。握住叶子慢慢拔出来。

注意：如果收获晚，口感会变差。如果难拔，可以先松一松土。

水萝卜（十字花科）

栽培到收获 4 周

难易度 ★

栽培期短。

栽培事项

栽培季节：春、夏季
容器型号：标准型
光照要求：充足

播种期较长

水萝卜粗生易长，其种植时限较长，播种期为3月下旬至7月上旬。

过干或过湿都不好，可以罩纱布预防虫害。

播种

1 开壕：将土层表面弄平，造深约1cm、宽约1cm的壕。

小贴士：也可随意撒种，但不能让种子重合。

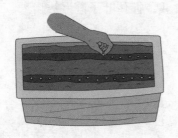

2 撒种：每隔1cm撒一粒种子，种子不要重合。

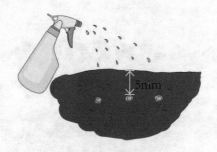

3 培土：培土5cm厚左右，浇水，发芽之前保持土壤湿润。

102

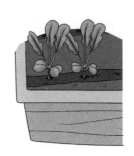

1周后
间苗

4 间苗：当芽长出来以后，将弱小的拔掉，使株间距为3cm左右。

注意：如果间苗晚，就会发现光长茎、叶，不长根的现象。间出来的苗也可食用。

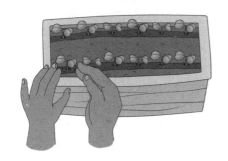

2周后
施肥

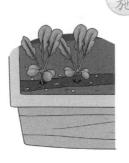

103

5 培土：防止留下的苗倒苗，往根部适量培土，大约到子叶下。

6 施肥：当本叶开出3片后，施肥约10g，撒在垄间，与土混合。

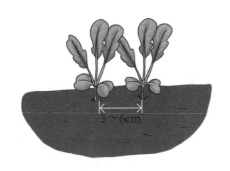

5～6cm

小贴士：如果株间距过小，可再次间苗，使株间距为 5 ～ 6cm。

蔬菜小知识

种类多，外表漂亮

说起水萝卜，种类数不胜数，长短不一，颜色多样，能够为你的阳台增色不少，可以根据自己的喜好选择栽种。

4 周后

收获 当萝卜直径为2cm左右时，可以收获，抓住叶子拔出即可。

7 培土：将混有肥料的土培向根部。

注意：如果收获晚，萝卜口感会变差。

104

蔬菜小知识

怎样利于保存？

小萝卜不易保存，收获后尽量早吃。如果要保存，把叶子切掉，装入塑料袋里放入冰箱，可保存5天左右。

叶子很难保存，收获后最好马上吃完。

胡萝卜（伞形科）

栽培到收获　10周

难易度　★

蔬菜汁美味无比。

栽培事项

栽培季节：春、夏季
容器型号：标准型
光照要求：充足

注意遭到叶子害虫破坏

发芽前不要过干，收获前不要过湿，另外要定期施肥，注意燕尾蝶幼虫食用叶子。

播种后，一般70天后即可收获。

播种

1 开壕：造深约1cm、宽约1cm的小壕，壕间距为10cm。

2 撒种：每隔1cm撒一粒种子，种子之间不要重合。

提示：为防止干燥，要浇足水。

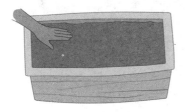

3 盖土：盖土，浇水，发芽前保持土壤湿润。

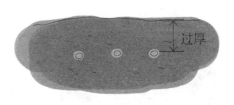

过厚

注意：胡萝卜种子喜光，土层过厚会影响到发芽。用手轻轻压土，使土和种子贴紧。

2周后
间苗、施肥
（第一次）

4 拔苗：当本叶长出来后，将长
势弱的小苗拔去。

5 施肥：施肥约10g，撒在壕间，
与土混合。

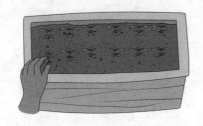

106

6 培土：为使留下的菜苗不倒
苗，适量培土。

5周后
间苗、追肥
（第二次）

7 间苗：当本叶长到3～4片时，
再次间苗。

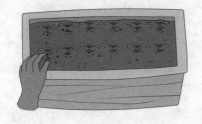

8 追肥：施肥约10g，撒在壕间，
与土混合。

9 培土：防止留下的苗倒苗，适
量培土。

小贴士：培土还可防止胡萝卜顶部绿化。

10 周后

收获 胡萝卜直径长到1.5～2cm后，可收获。抓住叶子拔出来即可。

注意：如果收获晚，胡萝卜易出现裂缝。

107

蔬菜小知识

怎样保存更新鲜？

水分易从叶子蒸发掉，保存时切掉叶子，将胡萝卜装入塑料袋，放入冰箱蔬菜保鲜室冷藏。如果有水分，胡萝卜易腐烂，要将水分控干、擦净。

也可以切成适当大小，略煮，然后冷冻保存。

花生（蝶形花科）

栽培到收获　约100天

难易度 ★★

口感浓香，做法多样。

栽培事项

栽培季节：春季
容器型号：大、深型
光照要求：充足

俗话说"过了谷雨种花生"，因此菜友可以选择在谷雨后种植盆栽花生。

浸种

1 浸种：选择颗粒饱满健康的花生，用40℃～50℃的温水浸泡一夜即可播种。

2 基肥：有机肥混合1/3砂质土铺在容器底部，再填入土壤，浇足底水。

播种

3cm

3 播种：在容器中挖深约3cm的洞，两颗可以挨着种植。大型容器可以栽种1～2株。

小贴士：花生是喜欢"热闹"的植物，喜欢结伴生长。

2周后出苗

此 时可以看到很小的幼苗钻出土壤，无需间苗。

4～5周开花

这 时植株大约在15～20cm，会开出黄色的小花。花一般是开在地面的枝条上。

授粉

4 授粉：为促进结果要进行人工授粉，轻轻摇动花枝即可。

6周后

此 时授粉成功的花会慢慢凋落，长出果针。果针是垂向地面的，会钻进土里。

109

快乐种菜诀窍

花生易生虫，如何杀虫呢？用杀虫剂和农药会破坏绿色种菜的宗旨，在这里给各位菜友介绍一个好办法：把香烟里面的烟丝用水浸泡，然后用喷壶装上烟水喷洒植株，即可起到杀虫的作用。

8 ~ 10 周

12 ~ 14 周
采收

110

5 追肥：果针深深插入土中，此时应适当追肥，给果实以营养。

收获 此时花生差不多成熟了，在小铲子的辅助下拔除植株，就能看到泥土里的果实了。

蔬菜小知识

保存花生的方法：先把花生晒干，晾1 ~ 3天，放入干净的塑料袋内，把口封好，放进冰箱，可以保存很长时间，一年是没问题的。

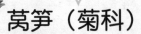 莴笋（菊科）

栽培到收获　60～100 天

难易度　★★★

适应性强，春、秋、冬季均可种植。

栽培事项

栽培季节：秋、冬、春季

容器型号：大型

光照要求：充足

育苗

4～6h

1 浸种：用30℃～40℃的温水将种子浸泡4～6h。

2 播种：将育苗盒中的营养土平整后浇足底水。将种子均匀撒在土壤上，注意不要重叠，每盒2～3粒。

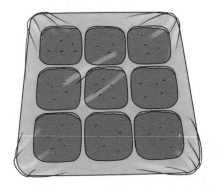

3 盖土：覆盖0.5cm左右的松土层。

小贴士：可在育苗盒上覆盖保鲜膜，然后放置避光处育苗。20℃环境下1周左右可以发芽。

2周后
间苗

注意：种子需要新鲜空气，要适当掀开保鲜膜保证通风，不能一直闷住。

4 间苗：将长势相对较弱的幼苗间去。

小贴士：拔除的小苗可以用来煮面或煲汤，味道很好。

快乐种菜诀窍

苗是需要光照的，但不能一下子见大太阳，先散光，再慢慢移出去晒太阳。

小苗发芽的前两片叶子是子叶，子叶一般为绿色。看到刚冒出的白色的时候不要认错了，那通常是根，这个时候不要急于晒太阳。

小苗要注意保湿，叶面可以用小喷壶喷水。水流大容易倒苗，如果不慎沾在土里，就会变成扶不起的阿斗了。

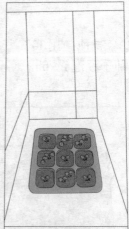

3 周后
施肥（首次）

5 施肥：真叶长到第二对的时候，施微量氮肥以使其变强壮。施肥方法可以随水浇入。

4 周后
定植

此 时植株已经基本成型，可以移苗定植了。

6 挖洞：在大型容器中开适当大小的洞，保持间距在10～15cm之间。

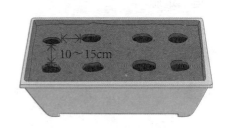

10～15cm

7 移苗：将育苗盒内的小植株移栽到洞内，注意保护根部不受损害。

6 周后
追肥（第二次）

8 培土：向根部培土，固定植株，并浇水。

注意：给莴笋浇水的方法是从叶子向下喷浇，不要从根部浇水。

9 追肥：约10g有机肥料均匀撒在壕间与土壤充分混合，以便植株吸收。

113

10 周后

收获 植株长到20～25cm时可以收获。如希望继续长大可加大间距并适当追肥。

蔬菜小知识

怎样吃更可口？

鲜嫩的小莴笋可以去皮后用保鲜膜包好放在冰箱的保鲜层保存。莴笋可以煲汤或清炒，如焯拌需用沸水焯过。

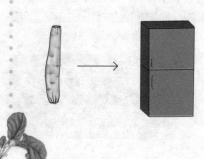

快乐种菜诀窍

冬末春初的低温阴雨天气，最容易使莴笋感染锈病，使叶片失绿黄化枯死，必须要注意抓紧防治莴笋锈病，以保护叶片。

芽菜类

豌豆芽（豆科）

栽培到收获 1 周

难易度 ★

口味清香，营养丰富。

栽培事项

栽培季节：四季均可
容器型号：育苗盘
光照要求：避免

控制温度和适度

朝南的阳台是生豌豆芽的理想环境，温度控制在18℃～23℃，湿度保持在80%左右即可。

选豆

漂洗

选 发芽率高、发芽势好的新豆。

将 豌豆种子先用20℃～30℃的温水淘洗2～3遍，用手轻轻揉搓去种豆表皮的黏液，尽量注意不要损伤种豆表皮，并用手搅拌，撇捞净里面的破碎豆粒和一切杂质。漂洗到种豆不粘滑、水无白色黏沫为止。

烫豆

55℃

先 用55℃的温水将豌豆烫15min左右，其间要不停地搅拌，以使种豆受热均匀。

用 25℃～28℃的水浸泡豌豆 6～24h（夏、秋季节需要的时间短；冬天、春初，需要的时间长；室内温度高，需要的时间短；室内温度低，需要的时间长）。浸泡过程中，要换水1～2次，水量是豆子重量的2～3倍。等到种豆充分吸水膨胀、褶皱消失，在透明的种皮里面能够清晰地看到鼓凸的椎状胚芽为宜。

泡豆

25℃～28℃
6～24h

注意：豌豆在浸泡时，一定不要使用金属制品的容器——尤其是铁制品，否则，有些豌豆很容易在浸泡中变成黑褐色。

铺盘

搓 去种豆表皮上的黏液，一直揉搓到豌豆无黏滑感，水中无白色泡沫为止，然后沥干净多余的水分。在育苗盘中铺上湿报纸，将豌豆均匀撒在盘底。

催芽

在 育苗盘上盖上浸湿的白棉布，以便保温、保湿、遮光。将育苗盘放在通风良好的地方，温度保持在18℃～23℃之间。每天喷水2～3次，其间注意将腐烂变质的豌豆捡出，以免影响其他豆子。

培植

当豌豆芽长到3～4cm，将育苗盘从避光的环境挪到弱光环境，再逐渐挪到正常光照环境。温度仍要保持在18℃～23℃之间，湿度要保持在80%左右。

注意：豌豆芽长到 8cm 左右时，其根系相对发达，盘根错节，这时要相应减少喷水量。

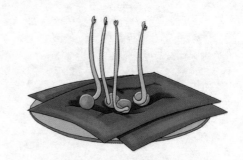

118

收获

收获 当豌豆芽长到10～15cm左右，就可以收获了。

黄豆芽（豆科）

栽培到收获　1周

难易度　★

含丰富蛋白质和维生素。

栽培事项

栽培季节：四季均可
容器型号：育苗盘
光照要求：避免

控制温度和湿度

朝南的阳台是生豌豆芽的理想环境，温度控制在18℃～23℃，湿度保持在80%左右即可。

选豆

选择颗粒饱满、色泽黄亮、豆瓣呈青白色的黄豆。

119

开始

用清水将豆子浸泡3～4个小时，然后放掉水，接下来大约10h浇水一次，一天两次。气温在35℃以上，约4天豆芽就能长成了。天气阴凉时，大约需要7天到10天。

3～4h

10h

绿豆芽（豆科）

栽培到收获 1周

难易度 ★

口感清爽、富含维C。

栽培事项

栽培季节：四季均可
容器型号：广口瓶
光照要求：避免

注意浇水与换水

在生芽过程中注意控制浇水和换水的次数。

开始

60℃　1～2min

在瓶子里放少量绿豆种子，倒入相当于种子5倍的水，在瓶子口盖上纱布，用橡皮圈扎紧，放置一晚。

提示：一般先将绿豆倒入60℃的热水中浸泡1～2min，随后用冷水淘洗1～2遍。

2天后

不去掉纱布，将瓶子倒过来，将水倒掉，再往瓶子里注水2～3次，清洗种子，再将水全部倒掉，放在阳光照不到的地方。

20～23℃

第 3 天

开 始长出芽来。一天浇水两次，并且马上将水倒掉，每天这样直到可以收获。

注意：生牙过程中，环境温度应控制到 20℃～23℃左右，要求通风良好。

第 6 天

收获 一个星期左右可以收获。

171

采收最佳时间在豆芽菜生长发育至胚茎充分伸长，而真叶将露或始露时为最佳，此时胚茎长约 5～6cm，根长约 0.5～1.5cm，豆瓣呈蛋黄色，胚茎显得乳白晶亮，始露的真叶呈乳黄色，不生侧根。

Part D

果菜类

芸豆（豆科）

栽培到收获　20周

难易度　★

肉质厚无筋无柴，口感鲜嫩。

栽培事项

栽培季节：春、秋季
容器型号：大型
光照要求：短日照

育苗

1 育苗：将育苗盒中放入营养土，每盒撒2～3粒种子，覆盖0.5～1cm薄土，置于20℃～25℃环境下，约5～7天，种子萌芽。

2周后移苗

2 移苗：当真叶长出4片左右，选择长势强壮的小苗进行移栽定植。

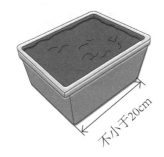

不小于20cm

4周后施肥

注意：芸豆植株较高，容器要选择直径在25cm左右，高度不低于20cm的大型花盆，每盆1苗或2苗。

3 施肥：约10g有机肥均匀撒在盆内与土壤均匀混合，浇水，使根部充分吸收养料。

123

4 立支杆：真叶长到5～6片时立支杆。选一根长约1m的支杆，插在植株附近。

5 引茎：用塑料绳将茎引向最近的支杆，可选择"8"字型绕结法。

注意：开花后注意浇水，防止落花，结荚期需要大量水肥，促进豆荚肥嫩。

收获 此时植株生长到45cm左右，豆荚由扁变圆，颜色由绿变淡绿，外表有光泽，种子略为显露或尚未显露，最适合采收。

蔬菜小知识

芸豆短期内可放在冰箱或背阴地方保存，也可以用沸水焯熟后冷冻保存，以作为冬季鲜蔬食用。

124

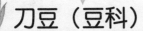

刀豆（豆科）

栽培到收获　50 天

难易度　★★

豆荚的形状像刀，所以取名刀豆。

栽培事项

栽培季节：春、秋季
容器型号：大型
光照要求：短日照

育苗

1 育苗：将育苗盒中放入营养土，每盒撒2～3粒种子，覆盖0.5～1cm薄土，置于20℃～25℃环境下，约5～7天，种子萌芽。

2周后移苗

2 移苗：当真叶长出4片左右，选择长势强壮的小苗进行移栽定植。每盆1苗或2苗。

4周后施肥

10g

3 施肥：约10g有机肥均匀撒在盆内与土壤均匀混合，浇水，使根部充分吸收养料。

5～6周立支杆

4 立支杆：真叶长到5～6片时立支杆。选一根长约1m的支杆，插在容器边缘。

125

5 引茎：用塑料绳将茎引向最近的支杆，可选择"8"字型绕结法。

注意：开花后注意浇水，防止落花，结荚期要大量水肥，促进豆荚肥嫩。

8周后收获

收获 豆荚长到5～8cm可以采收。

蔬菜小知识

怎么吃更可口？

刀豆等豆类越老毒素越多，因此应尽可能食用新鲜且较嫩的豆类；食用前择净四季豆、刀豆等豆类的两端及荚丝，这些部位所含毒素最多；最重要的是一定要做熟以后再食用。

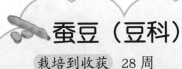

蚕豆（豆科）

栽培到收获 28 周

难易度 ★

撒种时期很重要

蚕豆营养丰富，尤其富含维生素B_1和维生素B_2。

一般秋季播种，需要越冬。豆荚如果由朝上变成向下且沉甸甸的，表示已经成熟了。

甘甜、新鲜。

栽培事项

栽培季节：秋季

容器型号：大型

光照要求：充足

播种

1 播种：准备育苗块或育苗盒，放入营养土，将蚕豆黑线处斜向下放入土中，不要全埋，留一小部分在土外。

注意：一个育苗块或育苗盒内播种两粒。

127

3 周后间苗

小贴士：10 月下旬～11 月下旬播种。豆苗长到 20cm 后比较不耐寒。

2 间苗：叶子长到 2～3 片时，在两个小苗之间选择长势较弱的拔去。

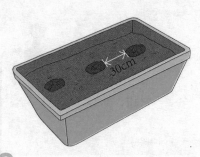

3 挖洞：将营养土放入容器，挖洞，栽培两株以上时，株间距保持在30cm左右。

4 植苗：将育苗块植入洞中，浇水。

注意：气温较低时，生长会缓慢，请耐心浇水等待。

13周后立支杆

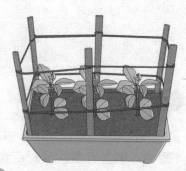

5 立支杆：选4～6根长约1米的支杆，插在容器边缘，将内部围起来。

6 围绳：用塑料绳将每根支杆绑住，围成一圈。

23～24周
剪枝、施肥、培土

7 引茎：用塑料绳将茎引向最近的支杆，可选择"8"字型绕结法。

8 剪枝：长到40～50cm时，1株选取较粗的茎留下3～4根，其余的剪掉。

26～27
周后
剪枝

9 追肥、培土：施肥约20g。可埋一些土，使茎向中间靠拢。

10 剪枝：长到60～70cm并且开花后，将茎上部剪掉，以促使果实成长。

28～30
周后
收获

收获 豆荚背部变成褐色时，从豆荚根部用剪刀剪取。

小贴士：初夏，朝向天空的豆荚慢慢垂下，等豆粒饱满时表示蚕豆成熟了。收获的豆子用开水焯过，放盐，带皮吃也很香。

129

蔬菜小知识

怎样吃更可口？

与空气接触口感会变，将整个豆荚放入塑料袋，封口，置于冰箱内，最好在4～5天内吃完。

荷兰豆（豆科）

栽培到收获 8周

难易度 ★★

口感脆嫩，营养价值高。

栽培事项

栽培季节：秋、冬季
容器型号：大型
光照要求：长日照

热爱阳光的蔬菜

荷兰豆属长日照植物，大多数品种在延长光照的情况下能提早开花，缩短光照则延迟开花。一般品种在结荚期都要求较强的光照和较长时间的日照，但不耐高温。

播种

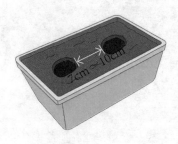

130

提示：栽培两株或两株以上时，株间距保持在 7 ～ 10cm。

1 挖洞：将土层表面整平，挖深约2cm、直径约5cm的洞。

2 撒种：一个洞里放2～3粒种子，注意不要重合。

3 盖土：在种子上覆盖1cm左右的土。浇水：种子发芽前保持土壤湿润。

2 周后
间苗

4 间苗：当叶子长到2~3片时，选择最弱的间掉，留下两株。

5 培土：培土，防止小苗侧倒。

3 周后
立支杆、追肥

6 立支杆：选一根长约1米的支杆，立在植株附近。

7 引茎：用塑料绳将茎引向最近的支杆，可选择"8"字型绕结法。

131

每株10g

8 追肥：当苗长到20cm时，一株施肥约10g，与表面的土轻轻松松混合。

注意：荷兰豆荚生长期若遇高温干旱，会使豆荚纤维提早硬化，过早成熟而降低品质和产量。

8周后收获

收获
开花后15天左右可收获。在尚不太成形时收获，荷兰豆香嫩可口；但是如果收获晚了，荷兰豆会长出筋膜，影响口感。

132

蔬菜小知识

怎样吃更可口？

收获后马上吃最理想，也可以装入塑料袋放进冰箱保存，最好在3～4天内吃掉。

也可以沸水焯过，冷却，用保鲜膜包好冷冻。

提示：收获期中间隔两周施肥一次。

毛豆（豆科）

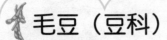

栽培到收获 12周

难易度 ★★

与啤酒搭配口味绝佳，具有护肝作用。

栽培事项

栽培季节：春季
容器型号：大型
光照要求：充足

低温、高温环境均可栽种

适应性强，是易栽种的豆类，生长较快的品种，从播种到收获需80天左右。

基肥里氮元素过多不利于果实的形成，应予以注意。要放在光照好的地方，认真浇水。

播种

2cm
5cm

1 挖洞：将土层表面弄平，挖深约2cm、直径约5cm的洞。

2 撒种：一个洞里放3粒种子，种子之间不要重合。

133

蔬菜小知识

黄豆和毛豆的区别？

毛豆是黄豆较嫩时摘取的，比黄豆含的维生素C更丰富，即黄豆是老的毛豆。

另外，黄豆芽是发芽状态的黄豆。

毛豆　　黄豆　　黄豆芽

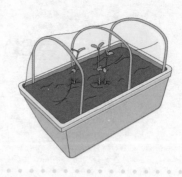

3 盖土：在种子上盖土约2cm，浇水，保持土壤湿润，直到发芽。

小贴士：种子发芽后，为预防虫害，可罩上防虫网。

2 周后间苗

134

当 叶子长出来后，将生长较弱的剪去，一个洞剩两株，用手轻轻按压。

提示：叶子长出来后，去掉防虫网。

3 ~ 6 周后

1株4g

4 施肥（两次）：播种后3周施肥一次，花开后6周再施肥一次。一株施肥约4g，撒在底部，与土混合。

5 培土：往根部培土到子叶的位置。

提示：开花时，易受臭大姐（椿象）侵扰，可再次罩防虫网。

快乐种菜诀窍

为什么花会枯萎？

一般由水分不足所致。开花期要大量浇水，这个时期土壤湿润与否直接关系到将来的果实是否饱满。

135

8周后
追肥（第三次）

12周后
收获

6 追肥：一株施肥约4g，撒在底部，与土混合。

收获 播种80天后可收获，从底部用剪刀剪断。

扁豆（豆科）

栽培到收获 8 周

难易度 ★

收获快，营养丰富。

栽培事项

栽培季节：春季
容器型号：标准型或大型
光照要求：充足

干燥 早些摘取

一年生草本植物，茎蔓生，小叶披针形，花白色或紫色，荚果长椭圆形，扁平，微弯。种子白色或紫黑色。

不喜酸性土壤，也要避免施肥过多，果实早些摘取吃起来更可口。

播种

136

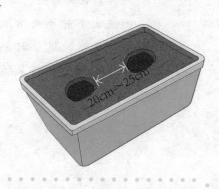

1 挖洞：将土层表面平整后挖深约2cm、直径约5cm的洞。

提示：栽培两株或两株以上时，株间距保持在 20 ~ 25cm。

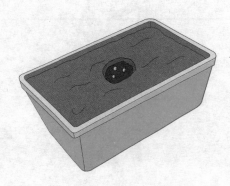

2 撒种：一个洞里放3粒种子，注意不要重合。

3 盖土：在种子上盖土。
浇水：种子发芽前保持土壤湿润。

2周后
间苗

4 剪苗：当叶子长到2～3片时，从3株小苗里选择最弱的剪掉，留下两株。

注意：连根拔去的方式容易伤到其他幼苗的根部，因此最好用剪刀剪去。

5 培土：往小苗根部培土，防止小苗倒掉。

小贴士：浇水会使土变硬，培土可以改善这一情况。

3周后
立支杆、追肥

6 立支杆：不带蔓的扁豆可以不立支杆，如果是在风较强的环境，为使苗不倒，可以简单插杆。

7 引茎：用塑料绳将茎引向支杆，要适当宽松，可选择"8"字型绕结。

137

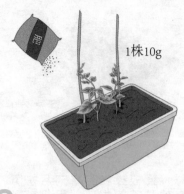

1株10g

8周后收获

8 追肥：当苗长到20cm左右时，一株施肥约10g，与表面的土轻轻松松混合。

收获 开花后15天左右可收获。在尚不太成形时收获，扁豆香嫩可口；但是如果收获晚了，扁豆会变硬。

注意：扁豆的花蕾遭受雨淋，花粉难以形成。因此，出现花蕾后，要保证不被雨水淋到。

138

蔬菜小知识

收获后马上吃最理想，也可以装入塑料袋放进冰箱保存，最好在3~4天内吃掉。

也可以沸水焯过，冷却，用保鲜膜包好冷冻。

提示：收获期中间隔两周施肥一次。

2周一次

眉豆（豆科）

栽培到收获　8 周

难易度　★

苗嫩的时候可以当菜吃，吃生的也很好。收获快，营养丰富。

栽培事项

栽培季节：春季
容器型号：标准型或大型
光照要求：充足

播种

1 挖洞：将土层表面平整后挖深约2cm、直径约5cm的洞。

栽培两株或两株以上时，株间距保持在 20 ～ 25cm。

2 撒种：一个洞里放3粒种子，注意不要重合。

3 盖土：在种子上盖土。
浇水：种子发芽前保持土壤湿润。

2周后 间苗

5 培土：往苗根部培土，防止小苗侧倒。

··

小贴士：间去的幼苗可以用来炒菜，味道不错。

4 剪苗：当叶子长到2～3片时，从3株小苗里选择最弱的剪掉，留下两株。

3周后 立支杆、追肥

6 立支杆：眉豆要爬蔓，因此要立支杆。

7 引茎：用塑料绳将茎引向支杆，要适当宽松，可选择"8"字型绕结。

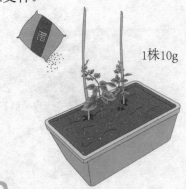

1株10g

9周后 收获

8 追肥：当苗长到约20cm时，一株施肥约10克，与表面的土混合。

收获 开花后15～20天左右可收获。

茄子（茄科）

栽培到收获　6个月

难易度　★★

种类丰富，是餐桌上不可缺少的传统蔬菜。

栽培事项

栽培季节：春季
容器型号：大型
光照要求：充足

收获时间：从初夏到晚秋

　　可以从种子开始，但比较花时间，初学者最好从栽培菜苗开始。

　　茄子生长的适宜温度为25℃～28℃，7月卜旬～8月上旬安排剪枝可以品尝到秋茄子。

植苗

141

1　选苗：所选菜苗应该整体结实，有7～8片本叶，叶子色泽浓绿，带花或花蕾。

2　挖洞：将营养土放入大型容器，挖一个洞。

3　植苗：将育苗块放入挖好的洞里，将周围的土盖上，轻轻压一压。

4　立支杆：准备一根60cm左右长的支杆，插入容器中，距菜苗5cm，用塑料绳将茎和支杆轻轻捆绑。

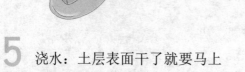

5 浇水：土层表面干了就要马上浇水，浇到从容器底部有水流出。

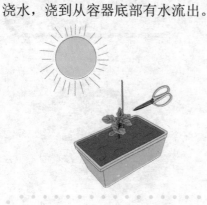

142

小贴士：去侧芽应选择在晴天进行，将叶子根部的侧芽剪掉。

6 去侧芽：出现第一朵花后，留下花下最近的两个侧芽，其余的侧芽全部摘掉。

7 立支杆：选一根长约1m的支杆，插入菜苗旁，选择合适间隔，用塑料绳捆绑。

一次10g

8 追肥：每隔两周施肥一次，每次10g左右。

小于10cm

为了让菜株更好地吸取养分，最开始的果实要早点摘取，大小在10cm以内。用剪刀从蒂上端轻轻剪取。

快乐种菜诀窍

花是健康表

看茄子花就可以大致清楚其健康状况如何：雄蕊比雌蕊长，表示健康状况不佳，可能是水分或肥料不足造成的，也可能有害虫侵袭，视具体情况给予适当措施。

8周后
收获

收获 茄子光泽好时，用剪刀从蒂上部剪取。也可以将收获期提前几天，在茄子有手掌大时剪取，茄子会香嫩可口。

143

2～3周后
剪枝

2～3周后，将旧枝剪去，会有新枝长出来，然后你可以等着品尝秋茄子了。

小贴士：每枝剪去1/3，一枝留大约3片叶子。

冬瓜（葫芦科）

栽培到收获 约85天

难易度 ★★

清凉可口，水分多，味清淡。

栽培事项

栽培季节：夏季
容器型号：大型
光照要求：充足

冬瓜并不产于冬天

喜温暖气候，不耐寒，不耐阴，选择土层深厚，疏松，肥力好的土壤栽培，有利于生长及延长采收期。

植苗

1 选苗：选择粗壮、健康，长势优良的冬瓜苗。

2 栽种：填入相当于容器容量2/3的营养土，浇足底水。在中间挖深约5cm左右的坑，将冬瓜苗植入，填土，注意保护好根须。

4周后
立支架

大于2cm

3 立支架：藤蔓长出后，在容器中植株两侧分别立起"x"字型支架。具体操作是用四根1m长的木杆两两一组，用塑料绳绑成X形立于容器内。

注意：冬瓜的枝蔓最长可生长到1m，随着藤蔓生长和个人阳台空间自行调整。

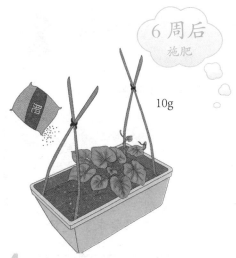

6 周后 施肥

8 周后 授粉

10g

上午10点左右

4 施肥：10g有机肥与土壤充分混合，给根部提供营养。

5 授粉：此时冬瓜会开出黄色的花，选择上午10点左右，摘取雄花为雌花授粉。

10 周后 追肥

6 追肥：授粉后冬瓜开始坐果，花渐渐脱落形成果实，此时应及时追肥，以给予果实充分的营养。

145

12 周后 采收

收获 冬瓜长到40～45cm时可以收获嫩瓜，如想继续长大，可适当追肥。

黄瓜（葫芦科）

栽培到收获 4周

难易度 ★★

生长迅速。

栽培事项

栽培季节：春季
容器型号：标准型或大型
光照要求：充足

勤于浇水是关键

植苗后1个月左右即可收获。适宜温度为18℃～25℃，不耐寒，春天要等气温回升后再栽培。

生长需要大量的水和肥料，果实过熟，皮会变硬，口感下降，应早些摘收。

植苗

146

1 选苗：本叶有3～4片，色泽好，苗结实。

小贴士：购苗时，选择嫁接品种比较省事，黄瓜的嫁接品种抗寒性、抗病性都较好。

2 挖洞：将土放入容器中，在中间挖洞。

3 植苗：将育苗块放入洞中，盖土，轻轻按压。如果是嫁接品种，嫁接处要露在土外。

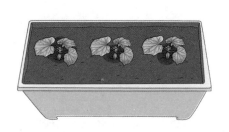

小贴士：一个容器栽培两株或两株以上的苗，间距保持在30cm以上，以防止相互之间影响生长。

1周后
立支杆、追肥

4 立支杆：根部发育、蔓生长后，选择3根支杆，等间距插入，在上部捆绑。

5 引蔓：用塑料绳将蔓与支杆捆绑，要适当宽松，可缠"8"字型，使主蔓向上生长。

6 追肥：约10g有机肥撒在根部，与土混合，以后每两周施一次有机肥。

147

收获 第一茬的果实在长到15cm左右时收获，可使原株更好地生长。往后的果实在长到18～20cm时收获。

4周后
收获

小贴士：花开后一周就可以收获了！

快乐种菜诀窍

黄瓜弯曲怎么回事？

黄瓜弯曲是由于肥料不足、高温等原因所致，不过，弯曲的黄瓜并不比"直"的口感差。如果想培育直的黄瓜，要认真浇水、施肥。

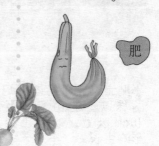

8 周后
剪枝

长到和后来插的支杆一样高时，将主枝上部剪掉，使侧芽生长。剪枝应在晴天进行，以防止被雨淋。

小贴士：剪枝可增加收获。植物易往顶芽输送营养，将顶端的芽摘去，让侧芽吸取更多的营养。

148

蔬菜小知识

怎样保存更新鲜？

黄瓜的成分大部分是水，保存时要避免干燥，可装入塑料袋内，然后放入冰箱，最好在2～3天内食用完。黄瓜不耐低温，可放入冰箱保鲜室。

南瓜（葫芦科）

栽培到收获 8周

难易度 ★★★

种类多，生命力强，易培育。

栽培事项

栽培季节：春季
容器型号：大型
光照要求：充足

喜温植物小南瓜

小南瓜大约重400～600g。南瓜的种类很多，不过培育方式大致相同，进口南瓜与本地南瓜的培育方式略有不同。南瓜生命力顽强，喜阳，要避开潮湿环境。

植苗

1 选苗：品种不同，栽培方法也略有不同。蔓长的瓜需要较大的栽培面积，请根据自己的情况选择。

2 挖洞：将土放入容器中，在中央挖较大一点的洞。

小贴士：蔓开始生长后，立支杆引枝蔓，可节省培育空间，也使南瓜表皮干净。

3 植苗：将育苗块放入洞中，培土，轻轻按压。注意保持根部完整。

蔬菜小知识

南瓜的种类

我们现在常吃的南瓜主要有两种：一种是甘甜的，另一种是面的。进口南瓜外表凹凸，质黏。在西方，万圣节时，人们用南瓜做成各种各样的南瓜灯。

4 周后
人工授粉

3 周后
去侧芽

如果是小南瓜，留下主枝和两个侧枝，其余的芽去掉。

4 摘雄花：花开后，将雄花摘下，去掉花瓣，留下花蕊。

小贴士：带有很小的果实的花是雌花。

5 授粉：将雄花贴近雌花授粉。

小贴士：人工授粉最好选在雄花开花当日的上午 10 点左右进行。

快乐种菜诀窍

必须人工授粉么？

雌花如果不授粉，就会光长蔓不结果。虽然蜜蜂等昆虫也可以授粉，但是不适合封闭阳台，因此人工授粉可以确保授粉成功。

注意：光长蔓、不结果怎么办？出现这种现象，很可能是氮肥使用过多所致，南瓜要选氮元素较少的肥料，也要控制基肥的使用。

6周后
追肥

最初的果实渐渐变大时，一次施肥约10g，与土混合。以后每隔两周追肥一次。

151

提示：变换容器的朝向，使南瓜表面受光均匀。

蔬菜小知识

怎样吃更可口？

南瓜摘取后，放置一段时间让甜味增加再吃，会更可口。请选择通风、光照好的地方放置5天左右，即可增加甜味。

未切开的南瓜放置1~2个月，营养、口感不会有差别。

8周后
收获

收获 开花50~60天后就到了收获期。熟了的南瓜蒂部变成木质，皮变硬。

苦瓜（葫芦科）

栽培到收获 约 60 天

难易度 ★★

夏季里清热去火的理想蔬菜。

栽培事项

栽培季节：夏季
容器型号：大型
光照要求：充足

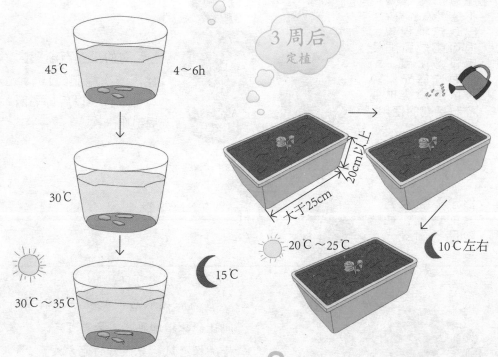

育苗

45℃　　4～6h

30℃

30℃～35℃

15℃

3 周后
定植

20cm以上

大于25cm

20℃～25℃

10℃左右

152

1 育苗：苦瓜种子种皮叫厚，需用40～50℃温水浸种4～6h后，在30℃左右环境下催芽，两天开始发芽，两天半大部分发芽。苗期白天温度保持在30℃～35℃，夜间15℃以上。

2 定植：苦瓜盆栽所需的容器一般直径应在25cm以上，盆高不得小于20cm，一般1盆1苗。定植时盆土表面要低于盆表面约1cm，定植后浇透水，以便缓苗。定植后，白天温度保持在20℃～25℃，夜间10℃左右。

快乐种菜诀窍

　　苦瓜应有充足的水分供给，尤其是开花结果期，需水较多，切忌缺水和土壤长时间积水，生长期注意浇水，保持土壤湿润，多雨天气不需要浇太勤。

4周后
施肥

5周后
立支杆

3 施肥：每盆约10g有机肥料，与土壤充分混合以利于吸收。

4 立支杆：植株长到20cm左右时搭架引蔓。在植株周围立起3根1m左右支杆，用塑料绳将顶部绑住，形成"人"字型支架。

5 引蔓：将一条苦瓜藤蔓用塑料绳牵引到支杆上。

153

6周后
追肥
（第二次）

7周后
追肥
（第三次）

6 约10g有机肥料与土壤充分混合，以利于植株吸收。

7 约10g有机肥料与土壤充分混合，给予果实丰富营养。

8周后
采收

154

收获 苦瓜老嫩均可食用，但一般为了保证食用品质，多采收中等成熟的果实。一般自开花后12～15天为适宜采收期，应及时采收。采收时应一手托住瓜，一手用剪刀将果柄轻轻剪断，果柄留1cm长左右，并拭去果皮上的污物。

蔬菜小知识

怎么吃更可口？
苦瓜是夏季比较受欢迎的蔬菜，炒制或炖汤都可以，最科学的吃法是生食，可降脂、降压、降糖。

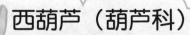

西葫芦（葫芦科）

栽培到收获 50 天

难易度 ★★

瓜类蔬菜中较耐寒而不耐高温的种类。

栽培事项

栽培季节：春、秋季
容器型号：大型
光照要求：充足

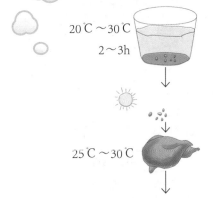

20℃～30℃
2～3h

25℃～30℃

育苗

1 育苗：将种子放入20℃～30℃的温水里浸泡2～3h，让种皮、种肉和胚胎充分吸水后，捞出晾干种皮，用湿毛巾包起，放在25℃～30℃处催芽，待芽长0.2～0.4cm时即可播种。

小贴士：在育苗盒中播种，每盒播种2～3粒种子，注意不要重叠。

155

3周后
植苗与施肥

15～20天

2 植苗：幼苗苗龄在15～20天开始定植，此时第一片真叶完全展开，第二片真叶为半展期，为最佳定植时间。一般采取1盆1株。

10g

3 施肥：约10g有机肥与土壤充分混合，以利于植株吸收。

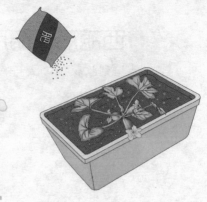

4 授粉：西葫芦开花较早，此时要进行授粉。具体方法是摘掉雄花，用花蕊涂抹于雌花花柱。

5 追肥：小西葫芦坐果时要进行追肥，给果实充分营养。

156

收获 果实长到150g～200g时即可采收，轻慢转拧直至脱离主茎，忌硬拉以致拉伤主茎，也忌用刀、剪采摘，避免相互感染病害。

蔬菜小知识

西葫芦在盛瓜期加强肥水，同时又要防止夜间高温，达到控秧促瓜的目的。

番茄（茄科）

栽培到收获 8 周

难易度 ★★★

关键是授粉

味道甜美，营养价值高。

栽培事项

栽培季节：春季
容器型号：大型
光照要求：充足

谐语说："番茄红了，医生的脸绿了。"指的是番茄营养价值高，对人身体有益。珍珠番茄比一般番茄更容易栽培，适合初学者。选择排水性较好的土壤和光照好的地方，然后需要注意最初的花的授粉。

小贴士：嫁接的苗抗病性强，虽然价格较贵，但是比较适合初学者。

157

1 选苗：选择本叶有7～8片，茎粗壮、结实。

植苗

2 植苗：将育苗块植入洞中。

3 立支杆：选取一根约70cm长的支杆，注意不要伤到根部。用麻绳将茎轻轻捆绑起来。

1 周后
去侧芽

将所有的侧芽去掉，只留主枝。

小贴士：去侧芽要在晴天进行，将叶子根部的小芽掰掉。

3 周后
立支杆、追肥

4 立支杆：选3根2米长的支杆，插入容器中，从上部捆绑。

5 追肥：第一个果实大约长到手指大小时，施肥约10g，与土混合，以后每隔两周追肥一次。

快乐种菜诀窍

果实有裂缝是怎么回事？

熟了的果实出现裂缝是受了雨淋，内部膨胀导致的。

将容器移至不会受雨淋处可避免裂缝。

8 周后
收获

收获 番茄红了之后从蒂部上端的茎处剪断。

蔬菜小知识

怎样保存更新鲜？

收获后马上放入冰箱，可存放2~3天。也可浇水去皮做成番茄酱，然后冷冻起来。

159

10 周后
剪枝

小贴士：番茄在开花后60天可收获。刚摘下的番茄味道非常甜美，是购买来的番茄所无法比拟的。

长 到和支杆一样高时，将主枝上端剪去，让其停止生长。

柿子椒（茄科）

栽培到收获 10 周

难易度 ★★

肉厚甘甜，清脆爽口。

栽培事项

栽培季节：春季
容器型号：大型
光照要求：充足

注意土壤透气性

柿子椒植苗过深，浇水过多会影响土壤透气性，苗会发黄，长势不旺。

1 育苗：柿子椒的出芽温度在20℃～25℃之间。

2 间苗：当幼苗长出两片真叶时可以间苗。

3 植苗：当幼苗长有四片真叶时，可定苗移栽。

注意：定植前要施足基肥。

4 立支杆：当植株长出7～8片叶子时，立支杆。将支杆小心插入土中，注意不要伤到根部，用塑料绳将菜苗轻轻捆绑。

5 浇水：浇水一般晴天每天一次即可，切忌根部渍水，否则会烂根。

6 摘心：苗长至20cm高时摘心，以增加分枝。此时不宜追肥，以免枝叶徒长。

161

7 追肥：为使花多果盛，始花期追施一次氮肥、磷肥。

注意：在开花期，浇水不宜过多过勤，以免落花；浆果发育和成熟期，应保持盆土潮润，否则果色干枯无光泽。

尖椒（茄科）

栽培到收获 4 周

难易度 ★★

营养丰富，新鲜的绿色增加人的食欲。

栽培事项

栽培季节：春季
容器型号：大型
光照要求：充足

认真施肥、浇水

耐热，害虫侵扰较少，所以栽培比较容易，只要认真施肥、浇水即可。

富含维生素C等，营养价值高。

1 选苗：本叶大约7~8片，有花蕾，结实，根部土块厚实。

2 挖洞：将土放入容器中，在中间挖洞。

植苗

3 植苗：将育苗块放入洞中。

4 立支杆：将支杆小心插入土中，注意不要伤到根部，用塑料绳将菜苗轻轻捆绑。

162

5 浇水：浇到有水从容器底部渗出。

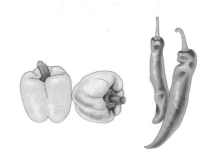

蔬菜小知识

如何判断尖椒辣与不辣？

看一下他们的小身体，如果身宽体胖、尖端钝圆、个头大而颜色相对发黄的，这种尖椒吃起来就没什么辣味儿。而相反，身体细长、窄小、尖端尖锐、颜色相对深绿的尖椒就比较辣了，

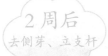

2周后
去侧芽、立支杆

20～30cm

6 去侧芽：第一朵花开后，将其下最近两个侧芽留下，即只留下主枝和两个侧芽3枝，其余侧芽全部摘去。

7 立支杆：找一根长1.5m的支杆插入容器中，在距苗底部20～30cm处用塑料绳捆绑。原来的支杆保持不变即可。

3 周后
施肥

8 施肥：出现小果实时，追肥约 10g，以后每隔两周追肥一次。

提示：去侧芽的时候，要避免植株被雨水淋到。

小贴士：栽培期较长的尖椒一般都比较辣。

4 周后
收获最初的果实

6 周后
收获

果 实到4～5cm时收取，较早收取有利于后面的果实更好地成长。

收获 尖椒长到5～6cm时收获，早些收取可减小植株的压力。

五彩椒（茄科）

栽培到收获 4 周

难易度 ★★

多彩的颜色，赏心悦目又鲜脆可口。

栽培事项

栽培季节：春季
容器型号：大型
光照要求：每天保证光照半日即可

注意控制肥、水量和光照时间

盆栽五彩椒要施足基肥，浇水不易过频繁，每天保证光照半日即可。

育苗

25℃ 大于10℃

1 育苗：五彩椒生长的适宜温度为25℃，低于10℃不能发芽。因此，当土温稳定在10℃以上时，即可播种。

间苗

2 间苗：当幼苗长出两片真叶时可以间苗。

植苗

3 植苗：当幼苗长有四片真叶时，可定苗移栽。

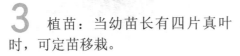

注意：定植前要施足基肥。

165

4 立支杆：当植株长出7～8片叶子时，立支杆。将支杆小心插入土中，注意不要伤到根部，用塑料绳与菜苗轻轻捆绑。

5 浇水：一般晴天每天一次即可，切忌根部积水，否则会烂根。

166

蔬菜小知识

五彩椒的种类

五彩椒也是辣椒的一种，颜色有红色、橙色、黄色、紫色等，比普通辣椒的栽培季节要长，肉厚，味甜，深受人们喜爱。

6 摘心：苗长至20cm高时摘心，以增加分枝。此时不宜追肥，以免枝叶徒长。

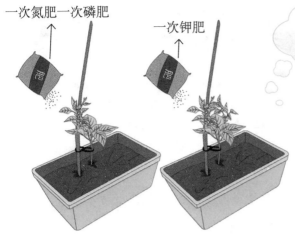

一次氮肥一次磷肥

一次钾肥

追肥

7 追肥：为使花多果盛，始花期追施一次氮肥、磷肥，2周后再施一次钾肥。

注意：在开花期，浇水不宜过多、过勤，以免落花；浆果发育和成熟期，应保持盆土潮润，否则果色干枯无光泽。

快乐种菜诀窍

给五彩椒浇水一般晴天时每天一次即可，切忌根部积水，否则会烂根；追肥不宜过多，以免枝叶徒长；为使花多果盛，开花前宜追施1~2次含磷的肥料；在开花期，浇水不宜过多、过勤，以免落花；浆果发育和成熟期应保持盆土潮润，否则果色干黄无光泽。

水果玉米（禾木科）

栽培到收获　约 90 天

难易度 ★★

喜阳光充足温暖环境，栽培方法同普通玉米一致。

栽培事项

栽培季节：春、秋季
容器型号：大型
光照要求：半阴

播种

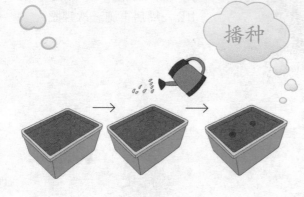

1 整土：将容器内的土平整后浇透水。挖深约1cm左右的洞。

2 播种：每洞1～2粒。

3 培土：覆盖1cm左右的土。

18℃～25℃

7～15天

小贴士：将容器置于 18℃～25℃环境下，7～15 天左右发芽。

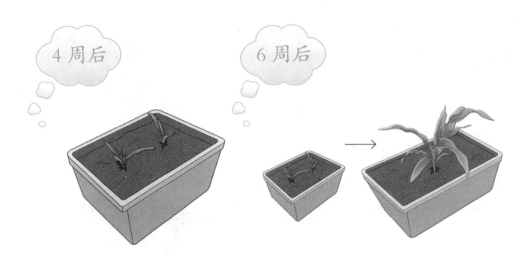

4周后

6周后

4 间苗：将长势相对较弱的小苗间去，保持间距在10cm左右。

5 移栽：此时幼苗渐渐长高，要进行分苗。每盆保留1～2株即可。

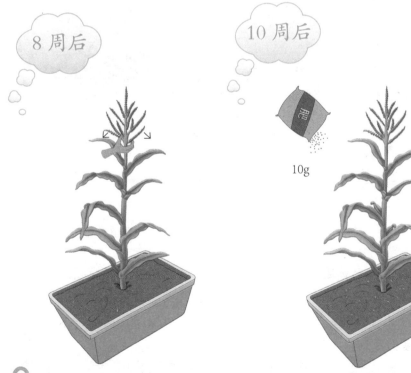

8周后

10周后

10g

6 授粉：玉米是雌雄同株植物，整个植株顶部的穗状物为雄花，产生花粉。轻轻摇晃，可使雌花授粉。

7 施肥：约10g有机肥与土壤充分混合，给予果实充足营养。

12 周后

8 收获：水果玉米植株不高，果实也比较袖珍，要及时采收。

蔬菜小知识

怎样吃更可口？

水果玉米即可生吃也可熟吃，果汁丰富，味道甘甜。

170

快乐种菜诀窍

甜玉米比普通玉米更易产生分叉，为了使养分集中供给主茎穗，在一定的密度条件下，需要打叉。打叉一般在开始长出分叉时进行，7~8天以后再打一次，以除早、除小、不伤主茎为原则。

Part E

水果类

草莓（蔷薇科）

栽培到收获 27 周

难易度 ★★

酸甜可口，外形可爱。

栽培事项

栽培季节：秋季
容器型号：标准型
光照要求：充足

生性娇弱，需精心护养

适宜温度为17℃～20℃。不耐干燥，即使是休眠期的冬季也不要忘了浇水。

高温多湿环境易得白粉病和灰霉病，要注意通风。

172

1 选苗：叶子光泽好，齿冠（叶子根部膨胀起来的部分）粗壮。

小贴士：草莓苗易感染病毒，选择脱毒草莓苗比较保险。

植苗

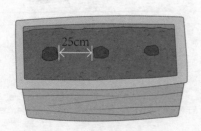

25cm

2 挖洞：在容器中挖洞，间距为25cm左右。一般一个标准型容器里能种植3株左右。

3 植苗：将育苗块放入洞中，埋土，土略盖住齿冠部分，用手轻压，浇水。

→ 爬行茎

注意：草莓通过爬行茎的生长来繁殖新茎，果实在爬行茎的对侧。植苗时，最好统一不同草莓苗的爬行茎方向。

17 周后

当新芽长出后，将枯叶除去，这时如果花不结果请摘除。

21 周后
追肥（第二次）、铺草

4 追肥：3月下旬～4月上旬开花后，每株施肥约10g，撒在底部，与土混合。

注意：浇水时，注意不要浇到花上。

173

小贴士：轻轻摇动草莓苗进行授粉。

5 铺草：最初的果实长出来时，可以在底部铺草或铺一层锡纸。

快乐种菜诀窍

铺草可防止土壤干燥，还可以防止果实接触泥土而易腐烂。

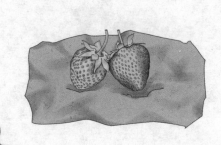

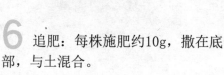

25 周后
追肥（第三次）

27 周后
收获

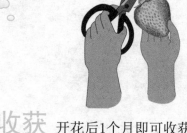

6 追肥：每株施肥约10g，撒在底部，与土混合。

收获 开花后1个月即可收获，果实变红，用剪刀从蒂部上端一颗一颗剪取。

174

蔬菜小知识

怎样保存更新鲜？

草莓被水淋过后容易腐烂，不马上吃的草莓不要洗。另外，去掉蒂部后水分易蒸发，新鲜度会下降，保存草莓时，将草莓平摆在盘子里，不要重叠，盖上保鲜膜，放入冰箱，可保存3天。

西瓜（葫芦科）

栽培到收获　4个月

难易度　★★

脆嫩多汁，消暑利尿。

栽培事项

栽培季节：春季、夏季
容器型号：大型
光照要求：充足

生性娇弱，需精心护养

适宜温度为17～20℃。不耐干燥，即使是休眠期的冬季也不要忘了浇水。

高温多湿环境易得白粉病和灰霉病，要注意通风。

植苗

1 选苗：在4～5月买西瓜苗。要买叶子较绿、茎部较粗的苗。

2 种植：在大型容器中放入有机肥料与1/3土壤混合，铺在容器底部，上面再装入土壤，将水浇透。一个容器内植3～4棵幼苗。

注意：最好少用或不用氮肥，可以用草灰和发酵米糠混合的含钾肥料。

摘心

当 叶子长到5片时，将主蔓摘心，将比较好的两根进行引蔓。

施肥与浇水

小贴士：不摘心的话，有可能
人工授粉的时候，雌蕊和雄蕊
都不开花。要注意的是，直到
人工授粉结束，都要将下面生
长出来的新蔓摘除。人工授粉
结束，可暂时放置不管。

3 施肥、浇水：定植后3周～1个
月左右，每3周追一次缓效性有机
肥，到了6月，早晚各浇水一次。

授粉

小贴士：最好选择开下来第二朵
雌花进行人工授粉，授粉时间选
择早晨 10 点前。

4 授粉：摘下雄花，轻轻点雌花
花蕾几下。

看，这就是沾满花粉的雌
花的样子。

小贴士：是不是授粉成功，2～4
天后就知道了。
这是授粉后第 10 天的样子。

5 剪蔓：确定授粉成功并开始长大，就要将另一条蔓留下最后3节其余剪掉，集中营养。

收获

果实渐渐长大，在下面垫上甘草，防止小虫子啃食。

收获 人工授粉后40天左右可以收获了。

蔬菜小知识

怎样吃更可口？

西瓜是夏季广受欢迎的水果，除了瓜肉鲜美多汁、清凉解渴之外，瓜皮和瓜肉之间白色的部分也是拌菜和沙拉的良品。

香瓜（葫芦科）

栽培到收获 4个月

难易度 ★★

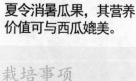

夏令消暑瓜果，其营养价值可与西瓜媲美。

栽培事项

栽培季节：春季、夏季
容器型号：大型
光照要求：充足

播种

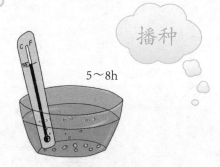

5～8h

1 浸种：用55℃的水将种子浸泡5～8h。

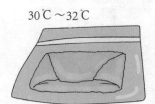

30℃～32℃

2 育苗：将种子捞出淋净后，用湿棉毛巾包好，外边套上方便袋，在30℃～32℃的环境下，18～20个h即可出芽。

定植

3 定植：当幼苗长至4片真叶时定植。

授粉

4 授粉：香瓜人工授粉的最佳时间应在雌花开放后的2小时内，即上午的9～10点的授粉效果最好。

5 浇水：上边长出两片叶子后再浇水。第一次浇水不用施肥。当头茬瓜长到鸡蛋大时，要浇好膨瓜水、施好膨瓜肥。以后根据土壤湿度每10～15天浇一水。

6 施肥：施用化肥的种类和数量应根据不同生育时期、植株长势以及不同栽培目的而定：幼苗期以氮、磷为主，促进根系发育；伸蔓期应以氮肥为主，促进茎叶健壮生长；结瓜期则以钾、氮为主，以改进果实品质。

179

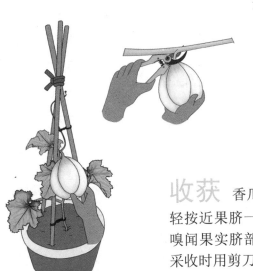

收获 香瓜必须等到成熟时才能采收，用手指轻按近果脐一端果面，开始发软者为熟瓜，或者嗅闻果实脐部，有香瓜特有的浓香味者为熟瓜。采收时用剪刀剪下即可。

🍅 樱桃番茄（茄科）

栽培到收获　约80天

难易度　★

果实圆形，玲珑可爱，甜度高、口味佳。

栽培事项

栽培季节：春、夏季
容器型号：标准型
光照要求：充足

育苗

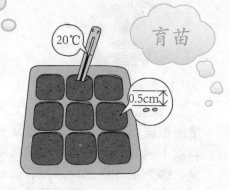

20℃

0.5cm

1 育苗：在育苗盒中均匀撒播种子，每盒2～3粒，覆土0.5cm。放在20℃环境下，保持土壤湿润，一周左右发芽。

2 周后

2 移栽：真叶长到4～5片时即可移栽，选取长势相对健康的幼苗，移栽到容器中，每盆1～2株即可，注意保护根须。

4 周后

6 周后

4 立支杆：此时植株已经长高，为防止植株倒伏，立起支杆，用塑料绳捆绑让植株主干依附支杆生长。

3 施肥：约10g有机肥与土壤充分混合，以利于植株吸收。

8 周后

5 授粉：开花后，轻轻摇动植株进行授粉。

10 周后
追肥
（第二次）

6 追肥：约10g有机肥与土壤充分混合，给果实以营养。

11 ~ 12 周
收获

收获 可以品尝自己亲手栽培的小番茄了。

蔬菜小知识

怎样吃更可口？

樱桃番茄不仅可以作为水果，也是炒菜、煲汤和拌沙拉的理想食材。

快乐种菜诀窍

植株入盆后，浇一次透水，以后每隔3-5天浇1次水；坐果前控制浇水量，果实膨大期保持盆土湿润。

Part F

香草类

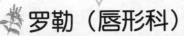

罗勒（唇形科）

栽培到收获 1 个月

难易度 ★

又名兰草，香气可以减轻感冒症状。

栽培事项

　栽培季节：春季、初夏

　容器型号：大型

　光照要求：充足

　植苗：5月中旬～6月下旬

　追肥：6月上旬～9月中旬

　收获：6月中旬～10月中旬

植苗

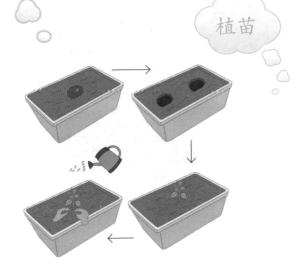

183

1 植苗：挖洞，使株间距在30～40cm左右，植苗，轻压苗底部，浇水。

2周后
施肥

4周后
收获

10g

2 施肥：约10g，撒在株间，往根部培土。

收获 长到20cm后即可收获，根据需要摘取叶子。之后每月施肥一次即可持续收获。

牛膝草（唇形科）

栽培到收获 6～8个月

难易度 ★

耐干燥、喜冷凉，但是非常不耐潮湿。

栽培事项

日照：充足。

1 播种：直接播种，每坑2～3粒。

2 间苗：保持植株间距40～50cm。

3 施肥：2～3个月施肥一次，充分浇水。

管理

牛膝草虽然耐干燥、喜冷凉，但是非常不耐潮湿；一旦到了梅雨季节，根部就很容易腐烂，所以定植时需先隔开苗株间的距离，使其能有充足的日照及通风良好的环境。

小贴士：浇水时适量就可以了，不可太过潮湿。

迷迭香（唇形科）

栽培到收获　3个月

难易度　★

带有茶香，可用于烹调。

栽培事项

栽培季节：春季、夏季

容器型号：标准型

光照要求：充足

植苗：5月中旬～6月下旬

追肥：7月上旬～9月中旬

收获：8月中旬～10月中旬

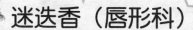

植苗

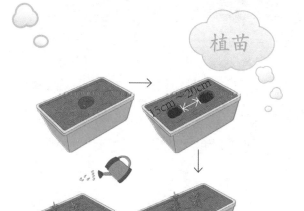

15cm～20cm

1 植苗：挖洞，使株间距在15～20cm左右，植苗，轻压苗底部，浇水。

15℃～20℃

注意：幼苗期温度控制到15℃～20℃为宜。

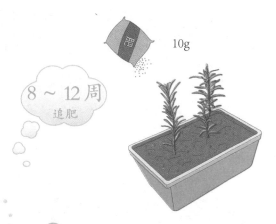

8～12周
追肥

10g

2 追肥：约10g，撒在株间，往根部培土。

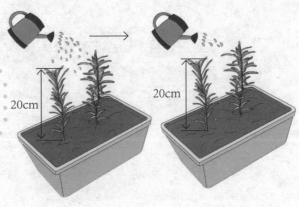

注意：幼苗长到20cm左右时，可减少浇水量。

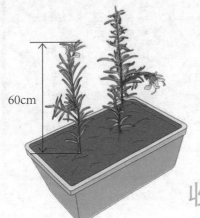

3～4个月
收获

收获 当植株长到60～80cm时，即可收获。

小贴士：收获及利用迷迭香的枝叶为主，可用剪刀或直接以手折取，但必须特别注意伤口所流出的汁液很快就会变成黏胶，很难去除，有些人的体质接触后还会发生过敏，因此采收时必须戴手套并穿长袖服装。值得一提的是迷迭香采收后除非是要立刻使用，否则应迅速烘干，以免香气逸失。

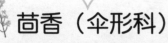

茴香（伞形科）

栽培到收获 约80天

难易度 ★

气味芬芳，可以入药。

栽培事项

栽培季节：夏季
容器型号：大型
光照要求：半阴环境

播种

1 播种：将育苗盒中的土整平，浇透水。将种子均匀撒在土层面上。

18℃～22℃

育苗

育苗盒或育苗块搁置在18℃～22℃的环境下育苗，可在容器上覆盖保鲜膜，以保障温度和湿度。

2周后

3 施肥：将肥料与1/3土壤混合，铺在容器底部，上面再装入土壤，将水浇透。

2 盖土：在种子表面盖土，土的厚度是种子直径的1～2倍左右即可。

提示：茴香种子比较细小，土层过厚会影响种子萌发。

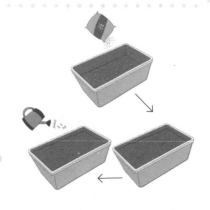

187

移苗

4 移苗：幼苗长出两片叶子时，将苗移入大型容器，株间距保持在20～30cm左右。

小贴士：茴香生长期的环境温度保持在 15℃～35℃为宜，每天保证一次浇水即可。

每天一次

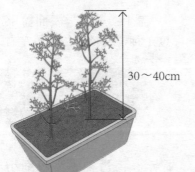

30～40cm

3个月后

收获 植株达到30～40cm时，表示已经达到成熟。

188

蔬菜小知识

怎么吃更可口？

茴香不仅可以作为烹饪的香料，用它来包饺子味道也很棒！

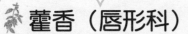藿香（唇形科）

栽培到收获　约60天

难易度　★

可入药，治疗中暑和夏季感冒。

栽培事项

栽培季节：四季
容器型号：大型
光照要求：充足

播种

1 撒种：将育苗盒中的土平整后浇透水。将种子均匀撒在土层面上。

2 盖土：在种子表面盖土，土的厚度是种子直径的1～2倍即可。

育苗

20℃～25℃

提示：种子在土壤中似露非露即可，土层过厚会阻碍种子的萌发。

育 苗盒或育苗块搁置在20℃～25℃的环境下育苗，可在容器上覆盖保鲜膜，以保障温度和湿度。

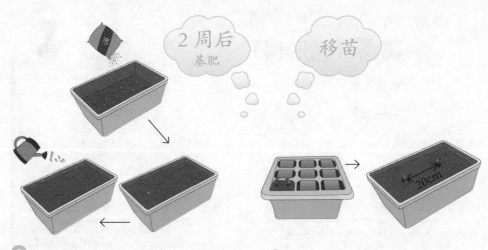

3 基肥：将肥料与1/3土壤混合，铺在容器底部，上面再装入土壤，将水浇透。

4 移苗：幼苗长出两片叶子时，将苗移入大型容器，株间距保持在20cm左右。

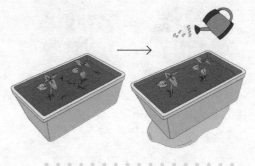

小贴士：藿香生长期的环境温度保持在15℃～35℃为宜。

注意：不需大量浇水，发现土壤干了浇水即可。遵循"不干不浇，浇则浇透"的原则。

植株达到30～50cm时，开始出现花蕾了。

薄荷（唇形科）

栽培到收获　70～90 天

难易度　★

提神醒脑，缓解压力。

栽培事项

栽培季节：春、夏季
容器型号：标准型
光照要求：充足

植苗

3～4月

8cm

2 周后

施肥

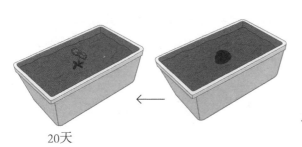

20天

5℃～6℃

191

1 植苗：可在3～4月间挖取粗壮、白色的根状茎，剪成长8cm左右的根段，埋入盆土中经20天左右就能长出新株；也可在5～6月剪取嫩茎头遮阴扦插。

小贴士：薄荷喜温暖潮湿和阳光充足、雨量充沛的环境。根茎在5℃～6℃就可萌发出苗，其植株最适生长温度为20℃～30℃，有较强的耐寒能力。

2 施肥：施肥以氮肥为主，磷、钾为辅，薄肥勤施。

浇水

2～3个月
收获

3 浇水：薄荷喜欢光线明亮但阳光不直接照射之处，同时要有丰润的水分。因此，浇水最好在土壤未完全干燥之时进行。

4 收获：薄荷生长极快，随时可采下食用，泡茶、入菜都是不错的选择。

192

蔬菜小知识

薄荷喜欢阳光充足、温暖湿润的环境，特别是在孕蕾开花期，要有充足的阳光。

紫苏（唇形科）

栽培到收获 9周

难易度 ★

低糖高纤维，营养价值高。

栽培事项

栽培季节：春季
容器型号：标准型
光照要求：充足
播种：4月中旬～6月上旬
追肥：5月上旬～9月上旬
收获：6月中旬～9月末

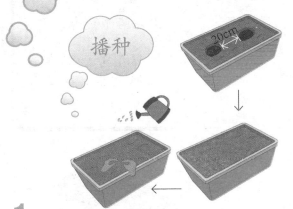

播种

20cm

1 播种：挖洞，间距在20cm左右。每个洞撒种7～8粒，盖土，轻压，浇水。

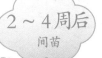

2～4周后
间苗

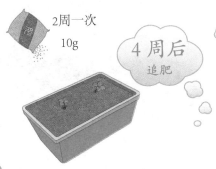

2周一次
10g

4周后
追肥

3 间苗：当本叶长出两片后，开始间苗，当本叶长出4～5片后，一个洞里剩1株苗。

2 追肥：一个洞里只剩1株苗后，施肥约10g，以后每两周施肥一次。

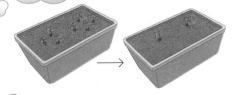

9周后
收获

4 收获：从大叶子开始，根据情况收获。

艾草（菊科）

栽培到收获 约11周

难易度 ★

防蚊虫，养肠胃。

栽培事项

栽培季节：春、夏、秋季
容器型号：标准型
光照要求：充足、半阴

播种

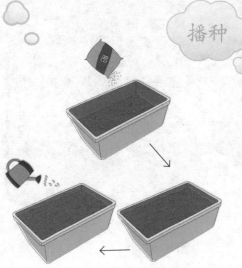

194

1 整土：将有机肥和1/3土壤平铺在容器底部基肥，上面再填上土壤，浇透水。

2 播种：种子间距为10cm左右。

20℃～25℃   7～15天

3 盖土：盖上约为种子直径3倍的土层。

小贴士：播种后可在上面覆盖一层保鲜膜，以保证温度和适度，等到种子萌发后撤掉。艾草种子的发芽温度一般在20℃～25℃，7～15天发芽。

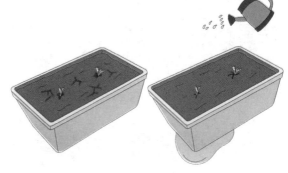

4 浇水：艾草不需要大量浇水，种子萌芽后，当土壤干燥时浇水即可。遵循"不干不浇，浇则浇透"的原则。

收获 约80天后，艾草就差不多能开花了。也就是收获的时候了。

195

蔬菜小知识

　　艾草与中国人的生活有着密切的关系，每至端午节之际，人们总是将艾草置于家门上寓意"避邪"。现代实验研究证明，艾草叶具有抗菌及抗病毒作用；具平喘、镇咳及祛痰作用；具止血及抗凝血作用；具镇静及抗过敏作用；具护肝利胆作用等。艾草可作"艾叶茶""艾叶汤""艾叶粥"等食谱，以增强人体对疾病的抵抗能力。

篇外篇 家庭菜园种植

本篇内容是针对家庭种植环境较宽松，有院子或菜园的菜友们设计的，可以种植一些需要搭架或果实入地很深的果蔬。

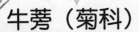

牛蒡（菊科）

栽培到收获　90～150 天

难易度 ★★

日本进口品种，嫩叶及肉质根可食用。

栽培事项

栽培季节：春、秋季

1 土壤选择：牛蒡为深根性蔬菜，对土壤要求较松，适于土层深厚、排水良好、疏松肥沃的沙质土壤栽培。

小贴士：种植牛蒡应选择前茬为非菊科植物的地块栽培，最好是没有种植过牛蒡的地块。另外，也不应选前茬为豆类、花生、甘薯和玉米的地块。

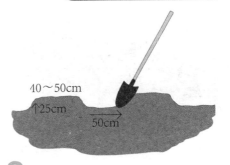

40～50cm
25cm
50cm

2 整地：深翻土壤，基足底肥，浇透底水。开一条宽40～50cm、高25cm左右的垄，垄间距50cm左右。用脚沿垄的两侧和上面把垄踩实，或用锹沿垄的两侧拍实，以防下雨时塌沟，造成牛蒡产生畸形或者腐烂。

197

播种

10分钟

3 浸种：用55℃温水浸种10min。

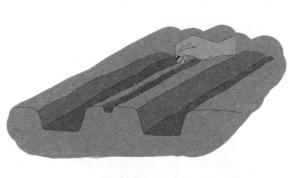

4 播种：在垄顶开3cm深的小沟，按5cm株距播种子，覆土2cm。

5 间苗定苗：第一次间苗在长出1～2片真叶时，第二次在长出2～3片真叶时，按苗距7～10cm定苗。定苗时，除去劣苗及过旺苗，留大小一致的苗。早收获的留苗间距大一些，晚收获的适当密一些，以免间距大，使牛蒡直根过于粗大，影响外观质量。

6 中耕除草和培土：牛蒡幼苗生长缓慢，苗期杂草较多，应及时中耕除草。最后一次中耕应向根部培土，有利于直根的生长和膨大。

7 追肥：整个生长期可进行3次追肥，第1次在植株高30～40cm时；第二次在植株旺盛生长时结合浇水在垄间施肥；第三次在肉质根膨大后，最好用打孔器帮忙，把肥施入10～20cm深处，然后封严洞，以促进肉质根迅速生长，达到高产优质。

采收 牛蒡的采收一般在秋天进行，先用锹挖至1/3～1/2处，然后用手拔出即可。

芋头（天南星科）

栽培到收获　1 年

难易度 ★★★

口感细软，绵甜香糯，营养价值近似于马铃薯。

栽培事项

栽培季节：春季

晒种催芽

为保证出苗整齐，在播前15～20天需进行晒种催芽。催芽时可将贮藏的芋头先晒1～2天。催芽时要注意保湿，使温度控制在18℃～20℃，经15～20天芽长到1cm左右即可播种。

播种

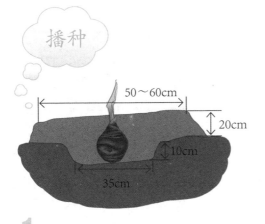

50～60cm

20cm

10cm

35cm

合理施肥

1 播种：在整好的地上开壕，深10cm，宽35cm，在种植壕内灌水，水渗下后按照确定的密度摆上芋头种，注意芽要朝上，按三角位（错落）栽植，在种芋之间施用适量有机肥。起垄时要起高垄，使垄高20cm，垄宽50～60cm，起垄结束将垄耙平。种芋上盖土厚约12cm。

2 施肥：芋头生长期长，产量高，需肥量大，除施足基肥外还应分次追肥。可在幼苗前期追一次提苗肥，植株抽高和球茎生长盛期的初期、中期追肥2～3次，施肥量前少后多，逐渐增加，氮、磷、钾肥要配合施用。后期应控制追肥，避免晚熟。

3 浇水：芋头耐涝怕旱。芋头叶片大，蒸腾作用强，因此喜水、忌土壤干燥，否则易发生黄叶、枯叶现象。春季播种气温低，生长量小，所以只需保持土壤湿润即可，特别是出苗期忌浇水，以免影响发根和出苗。到夏季气温高，生长量大，需水量多，要保持土壤湿润，但浇水时间宜在早晚，尤其高温季节要避免中午浇水，否则易使叶片枯萎。采收前20天应控制浇水，收获前10天停止浇水。

合理浇水

收获与贮藏

200

收获 时间以晴天露水干后为好，晾晒一天后进行贮藏。贮藏时待芋头自然风干，贮藏温度以10℃～15℃为宜，不能受冻。

蔬菜小知识

怎么吃更可口？
芋头营养丰富且吃法很多，蒸食、炒食均可，也可以生食。

玉米（禾木科）

栽培到收获 约5个月

难易度 ★

重要的粮食作物和饲料来源，也是全世界总产量最高的粮食作物。

栽培事项

栽培季节：春季

整地与基肥

1 整地：玉米应选择透气性好、土壤肥力较高的地块。深翻土壤做到地平、土细、无垃圾、无根茬，充足底肥。

2 施肥：4月末至5月初播种，并适当施种肥以促进生长。株间距保持在距30×50cm。

播种

田间管理

3 除草追肥：3～4片叶时间苗，5～6片叶时定苗，并结合间定苗进行中耕除草。6～7片叶时（拔节前）追施拔节肥，随后浇水。玉米长到13～14片叶进行第二次追肥，在两株玉米中间或在玉米两侧挖约10cm深沟进行追肥、覆土，并适时浇水。

后期管理

玉米乳熟期要根据降雨情况适量浇水，进入蜡熟期要进行站秆、剥皮、晾晒，减少水分。并要适当晚收，促进籽粒饱满，增加粒重。

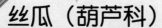

丝瓜（葫芦科）

栽培到收获 约4个月

难易度 ★★

成熟时里面的网状纤维称丝瓜络，可代替海绵用作洗刷灶具及家具。

栽培事项

栽培季节：春季

1 整地：种植丝瓜的土壤宜选择土层深厚、土质肥沃、排灌方便、pH值中性或略酸的沙壤为宜。丝瓜不耐热，最好实行地膜覆盖栽培。覆膜时，尽可能选晴天无风的天气，地膜要紧贴土面，四周要封严盖实。

整地

202

播种

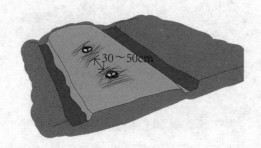

30～50cm

2 播种：丝瓜移栽成活率较低，一般采用直播方式。单行种植，株距为30～50cm，每穴播种2粒，深1～2cm，种粒平放，土壤田间持水量75%为宜，如过干可浇水少许。

3 田间管理：苗期，每星期施肥1次。结果期，每采收1~2次，追肥1次。生长期适时进行人工引蔓、绑蔓，以辅助其上架或上棚，棚架高2m。上棚前的侧蔓均摘除，上棚后的侧蔓一般不再摘除。盛果期，摘除过密的老黄叶和多余的雄花，把搁在架上或被卷须缠绕的幼瓜调整至垂挂在棚内生长，摘除畸形瓜。

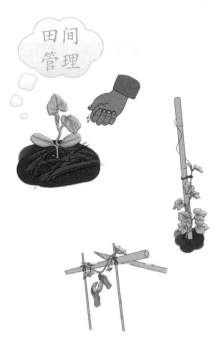

203

采收 丝瓜从开花至成熟需要10~12天，每隔1~2天采收1次，采收应及时，宜早不宜迟，以免影响食用品质。

快乐种菜诀窍

丝瓜需要肥水较多，晴天隔3~5天浇水一次。瓜蔓上棚和开始结瓜时，各施一次重肥，结瓜期间天旱、地干要勤浇水，并酌施2~3次追肥。

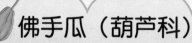

佛手瓜（葫芦科）

栽培到收获 1年

难易度 ★★

果实、嫩茎叶、卷须、地下块根均可做菜肴，是名副其实的无公害蔬菜。

栽培事项

栽培季节：春季

1 催芽：将整瓜用塑料袋逐个包好，置于15℃～20℃环境下进行催芽。应控制好温度，过高则出芽快，但芽细不健壮。适当降低催芽温度，芽粗短健壮。

育苗

204

2 育苗：半月左右种瓜顶端开裂，生出幼根，当种瓜发出幼芽时进行育苗。数量小用大花盆放在暖室培育，数量大用简易保护地培育。

4 摘心：育苗期瓜蔓幼芽留2～3枝为宜，多而弱的芽要及时摘掉。对生长过旺的瓜蔓留4～5叶摘心，控制徒长，促其发侧芽。育苗期间要保持20℃～25℃，并还要注意保持较好的通风光照条件。

3 选土：营养土用通气性能好的砂质土与菜园土对半混合配制，种瓜发芽端朝上，柄朝下，覆土4～6cm、土壤湿度为手握成团，落地即散为准。不要有积水。

定植

5 定植：挖约1m见方的坑。将挖出的土再填入坑内1/3，每坑施有机肥200～250kg，与坑土充分混合均匀，上再铺盖20cm的土壤，用脚踩实。定植时要带土入坑，土与地平面齐，然后埋土。定植后浇水，促其缓苗。如种植多株，则保持行距3～4m，株距2m。

搭架引蔓与整枝

小贴士：佛手瓜的繁殖力和攀援力都较强，生长迅速，叶蔓茂密，相互遮阴，任其生长最易发生枯萎和落花落果现象。

6 搭架引蔓：因此当瓜蔓长到40cm左右时就要因地制宜地利用竹竿、绳索等物让佛手瓜的卷须勾卷引其叶蔓攀架、上树、爬墙。佛手瓜侧枝分生能力强，每一个叶腋处可萌发一个侧芽。定植后至植株旺盛生长阶段，地上茎伸长较慢，茎基部的侧枝分生较快，易成丛生状，影响茎蔓延长和上架。故前期要及时抹除茎基部的侧芽，每株只保留2～3个子蔓。

7 整枝：上架后，不再打侧枝，任其生长，但应注意调整茎蔓伸展方向，使其分布均匀，通风透光。

水肥
管理

小贴士：根系迅速发育期，要多中耕松土，促进根系发育，为秋后植株的旺盛生长奠定基础。越夏期勤浇水，保持土壤湿润，增加空气湿度，使佛手瓜安全越夏。

8 浇水、施肥：定植后1个月内主要做好幼苗的覆盖增温，促进生长发育。此期间不追肥，少量浇水。进入秋季，植株地上部分生长明显加快进入旺盛生长期，要肥水猛攻，以使植株地上部分迅速生长发育，多发侧枝，为多开花多结果奠定物质基础。盛花盛果期，日蒸腾量大，需要充分的水肥、水分以保持土壤湿润为宜，可采用叶面喷施氮、磷肥2～3次。

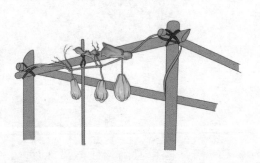

采收

206

收获 佛手瓜开花后15～20天就可食用，开花后25～30天，瓜皮颜色由深变浅时采收。

蔬菜小知识

贮藏的佛手瓜要轻拿轻放，经过挑选，放到衬有塑料薄膜的纸箱或筐里，放到8℃～10℃的环境下贮藏，一般可贮藏5～6个月。在贮藏过程中，如果发现有长出胚根的，掐去后可以继续贮藏。

豇豆（蝶形花科）

栽培到收获　60天

难易度 ★★

分长蔓和短蔓两种，嫩叶可食。

栽培事项

栽培季节：春季

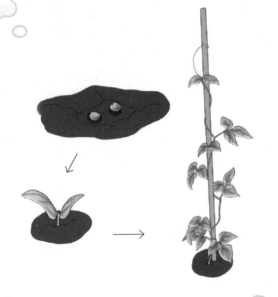

播种与植苗

1 播种：前应浇透底水，每穴3～4粒种子，覆土约2～3cm。

2 间苗：发芽后间去病弱苗，每穴留2～3株；3～4片真叶时再间苗1次，每穴留1～2株。

3 定植：若需移栽，发芽后3～4周，长出两片真叶且第一片复叶展开时即可定植，然后浇透水，成活后进入正常管理。

断霜后定植，苗龄20～25天，定植田要多施腐熟的有机肥，定植密度行距约66cm，穴距10～20cm，每穴双株或三株（育苗时即可采用两、三株的育苗方式，方便以后定植）。

4 浇水：定植后浇缓苗水，深中耕蹲苗5～8天，促进根系发达。

5 立支架：豇豆长出5~6片真叶时应设立支架，初期应按逆时针方向将蔓牵引上架并用绳子固定，一般在晴天中午或下午进行；后期缠绕能力很强，无须人工协助。

日常管理

6 施肥：豇豆生长前期施肥宜少，定植成活后约1周时随水追施1次有机肥即可。现蕾至成熟期，每7~10天施肥1次，注意增加磷、钾肥。20℃~30℃，15℃以下生长缓慢，5℃以下产生冻害。耐高温，35℃时仍能开花和结荚，但品质不佳。较耐旱而不耐涝，前期应适当控水，当主蔓上约有一半花序开始结荚时，要充分浇水以保证土壤湿润。

7 摘心：当主蔓长出第一个花序时，花序以下的侧枝应全部摘除，花序以上的侧枝要进行摘心，基部留两片叶子；当主蔓攀爬满支架时打顶，以促使下部侧枝萌发花芽。

采收

收获 开花后7~10天，豆荚饱满、种子稍显露时即可采摘。摘时在距离基部约1cm处折断，注意不要碰伤其他花朵。

10℃～25℃

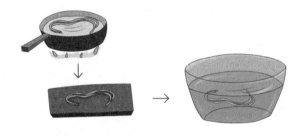

蔬菜小知识

怎么保存更新鲜?

刚刚采摘的鲜豇豆，应及时保鲜收藏，一般采用塑料袋密封保鲜。温度应保持在10℃～25℃之间，温度过低，烹饪出来的味道很差，也炒不熟；温度过高，会使豇豆的水分挥发太快，形成干扁空壳，影响烹饪的味道，也容易腐烂变质。

如收藏干品，则用刚刚采摘的新鲜豇豆，经沸水煮至熟而不烂时捞出沥干，在太阳下晒干，用时拿出经凉水浸泡至软备用，其味甘而鲜美，回味无穷。

赤豆（豆科）

栽培到收获　3～4个月

难易度　★★

喜温、喜光，抗涝。除了直接煮食外，是做食品用豆沙的主要原料。

栽培事项

栽培季节：春季

浸种

1 浸种：将清洗后的赤豆放入清水中浸种16～24h，其间换水、清洗4次。浸种结束后，放入55℃温水中浸10min，以杀死种子表面和潜在的病菌。

210

催芽

2 催芽：育苗盘底层铺一层棉花，浸湿，棉花表层铺两层纱布。将泡好的红豆平铺在纱布上，不可重叠。豆子表面再盖一块湿毛巾，喷水保持湿润即可。然后放在20℃～25℃的条件下催芽，两天后种子露白即可。

3 育苗：种子露出小的白芽后将表面毛巾去除，每日喷水2～3次，保持底部棉花湿润即可。或者移植到透气好的土壤中，种植在土下1cm处，保持土壤表面湿润，2～5日赤豆苗会出土。

育苗

种植

4 种植：赤豆需氮肥较多，最好在播种前施足底肥。行距50cm，株距40cm进行植苗。

211

田间管理

5 田间管理：赤豆苗期为促进根系发达，要多中耕松土，也有利根瘤生长。开花后生长旺盛时，可适当打顶尖，摘除无效花枝，使养分集中到荚，促子粒饱满。开花前后，是赤豆需水最多时期，此时缺水，会造成大量落花、落荚。因此遇旱要及时浇水。

采收 秋季豆荚成熟未裂开时，拔取全株，晒干后打下果实，去杂质、晒干。

采收

储存

储存 赤豆可以装入塑料袋中保存，同时放入一些剪碎的干辣椒，密封起来，放置在干燥、通风处。此方法可以使赤豆保持一年不坏。

212

蔬菜小知识

怎么吃更可口？

赤豆又叫红豆，其营养价值高，种子含蛋白质20%~25%，碳水化合物51~65%，并含有多种维生素、氨基酸及微量元素，是一种天然营养保健食品，可以煮粥或煲汤来滋补身体。

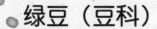

绿豆（豆科）

栽培到收获　约6个月

难易度 ★★★

常见谷类当中的一种，夏季清热降火的佳品。

栽培事项

栽培季节：春季

播种

1 播种：施足底肥，浇透水。保持行距50cm左右，每行隔40cm开一个小坑，每坑播种5～6粒，出苗后每坑定苗2～3株。

施肥

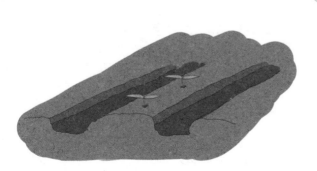

2 施肥：及时查苗、补苗，确保全苗；四叶期定苗。苗期可适当施肥提苗，初花期要进行根外追肥。

小贴士：在初花期前及时中耕、除草、培土，防止倒伏。当绿豆幼苗达到两叶一心时，要剔除疙瘩苗；四片叶时定植，株距13～16cm，行距40cm左右。

3 浇水：绿豆耐旱主要表现在苗期，三叶期以后需水量逐渐增加，现蕾期为绿豆的需水临界期，花荚期达到需水高峰。因此，在绿豆生长期间，如遇干旱应适当浇水。可在开花前灌浇1次，以促中株荚数及单荚粒数；在结荚期再灌浇1次，以增加粒重并延长开花时间。

214

采收 分期分批，及时采收，一般分2～3批。绿豆种皮容易吸湿受潮，若贮藏过程中温度高、湿度大，容易降低发芽率，甚至霉烂变质。因此，绿豆要放在干燥、通风、低温条件下，可用麻袋装。

注意：绿豆开花结荚期是需肥水的高峰期，此时要及时浇水，使土壤保持湿润状态；如开花结荚期处在雨季，会导致茎叶徒长，造成大量落花、落荚，或积水死亡，此时有需要及时排水，保证绿豆正常生长。

蔬菜小知识

教你做绿豆枕

绿豆枕做起来很简单，将新鲜的绿豆皮（可通过煮绿豆汤获取）晒干，再掺以破碎的绿豆，用细密又透气的布料包装再套以枕套即可。如果将菊花和决明子等与绿豆皮共做成枕芯，还有清心、明目的功效。绿豆皮的多少以平铺枕头的枕高而定，一般以稍低于肩到同侧颈部距离为宜，可根据自己的需要加以调整。绿豆枕应定期更换枕芯，以1—3个月为宜，夏天应常晾晒，以防发霉变质。

对于爱"上火"的人来说，自制一个绿豆枕是个不错的选择。绿豆枕属于药枕之一，其保健原理在于枕内的物质不断挥发，植物药性借头部温度和头皮毛孔吸收作用透入体内，通过经络疏通气血，调整阴阳。另一个途径是鼻腔吸入，通过肺的气血交换进入体内，此为"闻香治病"的道理。

中医认为，绿豆性寒，有清热解毒，止渴防暑和利尿消肿等功效，常用来防治头痛脑热、喉痛、疮疖肿毒和心烦口渴等病症。绿豆枕正是利用了这一原理，能够在人睡眠时帮助清热解毒、消除内火。同时，绿豆枕发出的清馨气味还能帮助润肺化痰。

藕（睡莲科）

栽培到收获　约4个月

难易度　★

口感甜脆，营养丰富，具有药用价值。

栽培事项

栽培季节：春季

选地、整地

1 选土整地：藕适宜泥层深厚肥沃，富含有机质的粘壤土、湖泥土、黄泥土栽培，一般结合耕翻整地基足底肥。

216

播种

2 播种：一般按1.3×1.7米株行距进行直播。栽植时藕头要向外、向下、稍倾斜，埋入土中3～4cm。

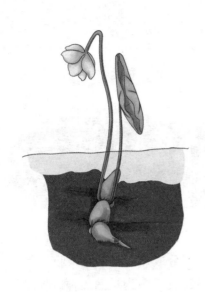

3 田间管理：定植后一个月左右，浮叶渐枯时摘除枯叶。荷叶封行前结合追肥除草，除草时应在卷叶的两侧行走。莲藕出现花蕾或开花，要消耗大量养分，但摘断后雨水淋入又容易导致烂藕，因此常把花枝折弯但不摘断。

追肥

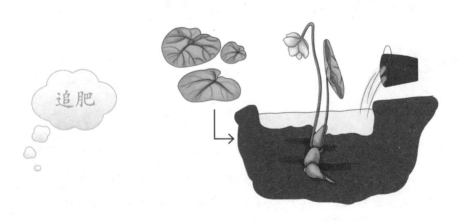

217

4 追肥：一共追肥三次。第一次立叶肥，在田间出现3～5片立叶时；第二次在满田立叶时；第三次结藕肥，在终止叶出现时。

注意：从栽种到萌芽前灌浅水约5～10cm，以提高地温，利于出苗；随着立叶及分枝的生长，逐渐加深水层至15～20cm；结藕期及采收前宜灌浅水。
6月份藕藤迅速向四周生长，要进行人工理藤，于中午时刨开泥巴拉起藕藤，再埋入土中即可。

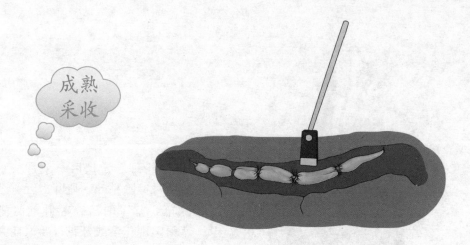

成熟
采收

收获 当地上部立叶大部分枯黄时，藕已充分成熟，可陆续采收。藕采收有青荷藕、枯荷藕之分。收青荷藕多在8月份进行，多为早熟品种，收前一周割去荷梗，减少藕表皮的锈色；收枯荷藕为入秋后至次年3～4月。

218

快乐种菜诀窍

水管理：藕是水生植物，整个生长期都离不开水。夏季是藕花（荷花）的生长高峰期，对水分的需求量也是最大，因而整个夏季要注意池内不能没水，新高脂膜粉剂喷施叶面使枝叶翠绿茂盛、光合作用产物积累和定向转运能力增强。

肥管理：藕喜肥，对肥的需求也较多，但施肥过多也会烧苗，因而要薄肥勤施，喷施新高脂膜粉剂大大提高养肥的有效成分利用率，不怕太阳暴晒蒸发，能调节水的吸收量。

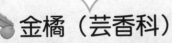 金橘（芸香科）

栽培到收获　约10个月

难易度　★

著名的观果植物，也可食用。

栽培事项

　栽培季节：春季

选种

1 选择：首先选择优良单株果实，加工挤出种子，及时放入清水中洗净黏液，除去不饱满的种子，留下丰满的种子，阴干即可播种。

土壤要求

2 选土：肥土层深厚，土质疏松，团粒结构较好的沙质土壤为好。凡土层浅瘦，质地粒重都不宜种植金橘。

整地

3 整地：必须要在播种前冬耕一次，次年早春又作翻耕一次，深度要33cm以上，土面要耙平耙碎。

播种

4 播种：二、三月春播最适宜，十一月亦可冬播。播种方法是在畦面开沟条播。行距10cm，种粒距5～8cm。然后盖上1cm厚的草木灰或细沙土。上面覆盖稻草或杂草，以作保水防旱之用。当种子出苗2至4片真叶时，要进行间苗，株行距15×10cm。

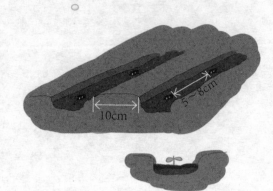

苗木管理

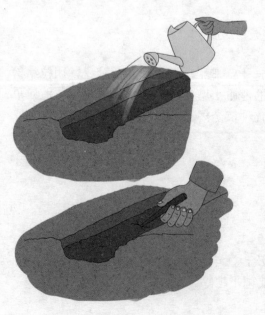

5 浇水、施肥：幼苗未出土之前必须经常淋水，保持土壤湿润。表土板结要用竹签撮松，以利种子发芽出土，幼苗达两片真叶时，随水施肥一次，每隔半月进行根部施肥一次。施肥前要松土除草，天气干旱还要淋水。保持土壤疏松无杂草。 幼苗生长达35～40cm时，进行一次摘心芽，促使多发枝，主干20cm以上的枝条应全部剪去，才能培养出好树型。

6 移植：以春季南风天气移植为好。选择茎干粗、长势强、挺直、根系发育健全、无病虫害、株高45cm左右、叶色浓绿的苗木先移植到单个花盆中。起苗前两天要淋一次水，使土壤湿润，起时不能挖伤主根，并要剪去主根1/3。

移植

剪枝

7 剪枝：橘树直立，生长势很强，要做好整枝剪顶工作，控制直立生长过高，让其分枝多，形成繁茂的树冠，为今后提高产果量和便于采果创造条件。

采收与贮藏

收获 橘果成熟程度要达到八成，呈金黄色。以连续晴天摘果为好，以减少水分含量，要轻摘、轻放，以免损伤。

小贴士：保存在既阴凉通风又恒温的环境下，尤其要注意不能与酒气接触。

桔梗（桔梗科）

栽培到收获 1～2年

难易度 ★

深根性植物，根粗随年龄而增大。

栽培事项

栽培季节：秋、冬、春季

选地、整地

1 选地、整地：选阳光充足，土层深厚的坡地或排水良好的平地，土质宜选砂质壤土、壤土或腐殖土。基足底肥，深耕30～40cm，整细耙平。

浸种

2 浸种：将种子置于50℃～60℃的温水中，不断搅动，并将泥土、瘪子及其他杂质漂出。待水凉后，再浸泡12h。

小贴士：秋播、冬播及春播均可，但以秋播为好，秋播当年出苗，生长期长，结果率和根粗明显高于次年春播者。播种方法一般采用直播，也可育苗移栽。直播产量高于移栽，且根形分权小，质量好。

播种

4～5cm 20～25cm

3 播种：在畦面上按行距20～25cm开沟，深4～5cm，播后覆土2cm。

间苗

4 间苗：苗高2cm时适当疏苗，苗高3～4cm时定苗，以苗距10cm左右留壮苗1株。补苗和间苗可同时进行，带土补苗易于成活。

除草

5 除草：由于桔梗前期生长缓慢，故应及时除草，一般3次，第一次在苗高7～10cm时，一月之后进行第二次，再过一个月进行第三次，宜做到见草就除。

肥水
管理

6 水肥管理：6～9月是桔梗生长旺季，6月下旬和7月视植株生长情况应适时施肥。天旱时都应浇水；雨季田内积水，桔梗很易烂根，应注意排水。

打顶、除花

7 打顶、除花：苗高10cm时，2年生留种植株进行打顶，以增加果实的种子数和种子饱满度，提高种子产量。而一年生或二年生的非留种用植株一律除花，以减少养分消耗，促进地下根的生长。

收获 播种两年或移栽当年的秋季，当叶片黄萎时即可采挖。割去茎叶、芦头，将根部泥土洗净后，浸在水中，趁鲜用竹片或玻璃片刮去表面粗皮，洗净，晒干即成。

采收与加工

留种

小贴士：桔梗花期较长，果实成熟期很不一致，留种时，应选择二年生的植株，于9月上、中旬剪去弱小的侧枝和顶端较嫩的花序，使营养集中在上中部果实。10月份当蒴果变黄，果顶初裂时，分期分批采收。采收时应连果梗、枝梗一起割下，先置室内通风处后熟3～4天，然后再晒干，脱粒，去除瘪子和杂质后贮藏备用。成熟的果实易裂，造成种子散落，故应及时采收。